兒童營養學聖經
每位家長都該擁有的飲食指南

兒童
基因革命
——吃出聰明與健康

美國小兒科、內科醫師
李世敏／著

孩子可以更健康聰明，
只要父母懂得給「對」營養

　　當吉米（Jimmy）申請到著名的加州大學洛杉磯分校就讀時，他的父母感動得落淚，從沒想過這個曾經酗酒且是學校問題學生的孩子，竟能申請進入名校。當他的父母打電話告知這個消息時，我發自內心為他們感到高興，這也再次的激勵我完成這本著作。

　　記得第一次見到吉米是在 18 年前，他喝得爛醉如泥，被抬進南加州大學（University of Southern California）醫院急診室。當時我正在值班，他的母親好不容易碰到一位會講中文

的醫師，我們就聊了起來。她告訴我，在孩子 10 歲時，為了讓他有更好的教育環境，而來到美國就學，他的父親則留在台灣做生意，偶爾來看他們。不幸的是，這孩子在 11 歲時學會抽菸、喝酒並結交到一些壞朋友，功課一落千丈，後來甚至染上毒癮。

這位母親花了 1 年的時間帶孩子看過很多醫生、心理治療師，也到戒酒戒毒中心尋求幫助，都未見成效。直到這次，吉米又被抬進急診室，媽媽傷心透頂。後來他到我的診所進行追蹤複診，我不是心理醫生，更不是戒酒專家，但是朋友告訴她：「這個醫生可以幫助妳的孩子」。

這個被歸類於「青春期叛逆」的年輕人，與其他大多數的青少年一樣，出生在正常的家庭，沒有什麼特殊的遭遇，但是從吉米的眼神可以看出他叛逆且冷漠的個性。我並沒有開藥給他吃，也沒有介紹他到更大的醫療中心去找心理醫生，只是每星期在他的手臂上打了幾 c.c. 的「藥」，並請我的營養師建議這位母親給予適合孩子的飲食。

兩個月後再次回到我的門診時，吉米說，很奇怪，這麼久以來他第一次經過賣酒的商店不會想進去買酒喝，不再覺得父母不順眼。他的父母也很訝異他的改變。半年後，這個

年輕人完全戒掉了喝酒、抽菸及吸毒的習慣。

他媽媽問我，到底打的是什麼「藥」，讓孩子能有這樣的改變？

我告訴她，是維生素 B 群。她不大敢相信簡單的維生素可以改變吉米，進一步追問：為什麼光用維生素 B 就能讓孩子戒掉酒癮、菸癮和毒癮？其實我並不比其他醫生高明，只是明瞭這個孩子的發育過程可能缺少了某些非常重要的營養素，而影響情緒的穩定性，他的飲食需要做出改變。因為缺乏維生素 B 群的孩子，很多時候會喜歡刺激性的東西，包括菸、酒、毒品，來使他們的神經感到滿足，使他們的精神、肉體感到愉快。

這個例子說明了一件事，那就是很多孩子的情緒問題，其實是與營養素的缺乏有非常直接的關係。一般作父母的只想到注重環境與教育帶給孩子的影響，而忽略營養素的重要性。就如同吉米的母親一直以為是自己付出的時間不夠多，給的愛不夠多。同樣的，當一個兩歲孩子的年輕媽媽，因擔心孩子沒有食慾而來到診所時，我不會開任何增進食慾的藥物給她，只建議在孩子的牛奶裡加入一些乳酸桿菌及寡糖粉。沒多久，孩子的食慾就自然地恢復了。當然常感冒或氣喘的

孩子來求診時，通常我也只建議父母們在孩子的飲料中加入維生素 C 及鋅的粉末。這些父母親剛開始都難以置信，但事實證明這些簡單、便宜的維生素與礦物質，真的幫助他們的孩子免於經常感冒及氣喘之苦。

有時我會遇到一些被診斷為好動兒的孩子，學校要求他們轉去特殊學校就讀時，我除了提供他們適當的心理治療外，同時建議在孩子的食物中添加鈣、維生素 B 群，並改變他們的飲食習慣，如：少吃甜食，實施一段時間後，這些孩子的情緒、個性會隨之改變，連父母都不敢相信。學習能力差、注意力不集中的孩子，給予補充腦部細胞發育所需的營養素，往往可以使他們變得聰明，提升學習意願。

我相信，每個孩子都是特殊的，每個孩子的潛能也是無限的。在孩子們的成長過程中，智力、情緒等方面的天分都超過我們所想像，問題在於父母如何發現及供應他們發揮這些潛能所需要的營養素。

坊間有太多關於如何藉著環境、教育等來塑造孩子的書籍，而這本書要談的是父母們如何供應孩子身體內各系統所需要的營養，以幫助你的孩子發揮他們各方面的潛能。

CONTENTS
目錄

CHAPTER 1 天才可能被埋沒了

CHAPTER 2 基因營養學

CHAPTER 3 危害孩子健康發展的三大類食物

「吃」出孩子的基因潛能

認識三大營養物質與其生理功能

CHAPTER 9 用維生素激發基因潛能最高點

CHAPTER 10 一次搞懂發育所需營養素分析

CHAPTER 11　補充健康食品帶孩子這樣吃

從懷孕開始計畫孩子的健康

抗生素與兒童用藥安全

疾病不再是
老年人的專利

　　我是洛杉磯兒童醫院的醫師，親身經歷過罹患各種各樣疾病的小朋友們住進醫院。

　　所謂的兒童醫院，是專門為兒童病患建立的醫院，這類專注於兒童醫療「集中化」及優質發展的專門兒童醫院越來越多，也越來越大。美國在主要城市均有一家以上的兒童醫院，日本每個縣也都有一家兒童醫院。這個醫療趨勢的產生也讓人疑惑：是不是現在小孩子的疾病比較多，或是因為以

前沒有足夠的醫生和預算來成立兒童醫院？這答案在過去幾年受到很多學者專家的重視並做了研究。

研究報告發現，雖然所謂傳染性的疾病因為有抗生素的出現，而能及時控制並減少病情，但很多以前從來沒有聽過的疾病，包括癌症、關節炎、血液、心臟、肌肉和免疫系統方面的疾病卻日益增加。同時，孩童包括青少年住院的比例越來越高，一般醫院也發現有高比例的年輕病人就醫，包括20、30歲的病人。更令人感到憂心的是，這些青壯年病人所患有的病症以往是一般老年人才可能得到的疾病，這說明了一個不爭的事實：現代人的健康在任何年齡階段都可能亮起紅燈！

因此，現在作父母的對孩子的健康掌握是需要花更多功夫，也必須從小就注意。一個能考上哈佛、史丹佛名校的學生，他們的健康不一定跟他們的學業一樣名列前茅。

我的一位病人蓋瑞（Gary），是非常成功的電腦公司高階主管，年薪數十萬美金，台灣長大，到美國留學。畢業後進入很好的公司，事業可說是正處於飛黃騰達的時候。可惜的是，38歲時發現肝硬化，隔年遍訪名醫後發現沒有辦法治癒肝硬化的問題，決定到中國大陸尋找偏方，仍無法有效控

制病情。6 個月後，在從中國飛回美國的飛機上，不幸於航程中離世。他的太太和兩個孩子非常傷心，年邁父母親的悲傷可想而知，一個這樣年輕有為、前程似錦的青年人，就這樣因不健康的身體而殞落。

如今年屆 30、40 歲得到高血壓、中風、心臟病、癌症等慢性疾病的人不在少數，這些病症都不是一、兩天所造成，而是長期累積。可以想見這些人在 20 歲以前，甚至小時候，他們身體的治癒能力受到某種程度的破壞，以至於進入青壯年的人生階段時產生疾病。

以我從事小兒科醫學及營養學多年的經驗，發現疾病的產生，尤其是發生在小孩或年輕人身上，大多與營養的不平衡以及不良飲食習慣有非常密切的關係。譬如早期白血病或淋巴癌是好發於兒童時期的癌症，促使營養學家和醫生們開始瞭解到營養素的缺乏可能是這些疾病造成的原因。

我發覺很多父母想要知道什麼樣的飲食最適合孩子，什麼樣的飲食應該避免，如何藉著食物本身既有的營養素來維持健康。像是飲食當中所含的蛋白質、脂肪、醣類等三大巨量營養素，是維持孩童成長和健康所必需的，而人們也可以透過部分食物所含有的維生素、礦物質等微量營養素，促進

孩童身體細胞與各組織器官的發育健全。

　　長年以來與眾多父母的談話當中，我發現有很多來源不明的資訊所帶來的錯誤觀念，深深影響且混淆著家長們，甚至讓很多父母親無所適從。以一個小兒科醫生以及營養學家的身分，我希望能幫助家長們做適當的選擇，以合宜的營養來幫助孩子的健康。因為好的營養，應該從孩子一出生，甚至從出生前就開始注意。

　　現代的年輕父母都是非常忙碌的，很少有時間去閱讀關於營養的知識，因此，我試著在這本書把所有可能的資訊集中起來，讓作父母的容易閱讀瞭解並應用於日常生活。對於那些孩子正處於有健康或情緒方面問題的父母，這本書將是非常好的指引。對於孩子還小，想避免他們在成長過程中有健康或情緒方面的問題，這書也可以作為很好的參考。

CHAPTER
1

天才
可能被
埋沒了

平凡父母所生的孩子，基因潛能比較差？
為什麼飲食西化讓日本人長高了？
媽媽孕期吃得好，孩子未來會有高成就？
15％的小孩因營養不平衡導致各種身心疾病？

所謂基因潛能，是嬰兒出生時從父母的基因遺傳所決定，而孩子這一生在各方面的潛能，包括身高、IQ（智力發育）、EQ（情緒管理能力）、藝術天分、體能極限，甚至壽命等等。

不同孩子當然所承受的遺傳基因不同，能發揮的基因潛能自然也不一樣，即使是同一對父母所生的孩子也不一定承受完全相同的遺傳基因。基因潛能是出生就決定了，到目前為止尚無法改變，就像你無法改變生你的父母的事實一樣，這是為什麼有些人天生在某方面就有比較傑出能力的原因。

音樂才子的父母
一定是音樂家？

到目前為止，尚沒有一種被大家接受的測驗方式可以知道一個孩子在某方面的潛能如何。部分研究機構和教育學家設計出一些有關孩子性向方面的測驗，還稍微能瞭解一個孩子在某方面「可能擁有」的潛能，但不一定準確。可以確定的是，從父母在各方面已經有的表現與成就，大抵可以確信他們的孩子在同一方面可能具備相同的天賦。例如著名的大提琴家馬友友以及小提琴家林昭亮，他們的父母都在音樂方面有相當造詣，因此他們倆從父母處遺傳了音樂方面的基因潛能，加上後天的培養，使他們能充分發揮音樂方面的基因潛能。

看到這裡，你可能會想問：是否平凡父母所生的孩子，潛能就較差呢？不一定。很多在這個時代平凡的父母，其實有著不平凡的基因潛能，只是因為環境、教育的緣故，加上無可抗拒的命運安排，讓他們的潛能無法發揮，這也是為什麼很多在各行業很有成就的人，他們的父母不一定是世人眼中所謂有所成就的人的原因。

那麼我們可以如何發揮孩子的基因潛能呢？

　　一個孩子的潛能是出生就決定了，有沒有潛能是一回事，但潛能能否發揮又是另一回事。沒有發揮的潛能終究只是潛能，就如同老鷹擁有飛得很遠的能力，但是如果不讓牠經常展翅翱翔的話，牠就不一定能飛得比一般鳥類還遠。同樣的，每個孩子的潛能不一樣，這些潛能能發揮多少，並不是遺傳基因所能保證，而是取決於多種因素，包括教育、環境等。試想，如果微軟公司的創辦人比爾・蓋茲，他的父母沒有讓他接觸電腦，學習電腦，相信比爾不可能有今日成就。這就是環境及教育對一個人潛能發揮的影響。

發育影響
從孕期營養攝取開始

　　然而，最容易被大家忽略，卻又非常重要的一個因素是：營養的攝取是否足夠？舉例來說，現在的小孩子為什麼越長越高？原因是在他們發育過程中所攝取的蛋白質、脂肪等營養素比以前的人多，因此他們的身高能發展到基因潛能的高度，也就是 6 至 7 呎高（相當於 180 到 210 公分）。1950 年代的日本人身高平均只有 4 呎 11 吋（約 125 公分），體重只

有 100 磅（約 45 公斤）。當日本飲食走向西化，日本人的第二代、第三代的發育開始能達到身高 6 呎、體重 180 磅的潛能發展，這就是因為他們所吃的食物含有能使身高的基因潛能發揮出來。

但是只吃高能量的食物而缺乏某些營養素，如維生素、礦物質、胺基酸，不一定能夠保證人體其它方面的潛能也可以發揮出來。例如鈣的攝取不足，將嚴重影響孩子的睡眠，也會造成情緒不穩等現象；換作是缺乏維生素 B 群的話，則大大影響孩子的記憶力；鋅的缺乏，將使小孩抵抗力降低而易生病。

1990 年美國的醫學、教育與營養學界共同發表了一項長期研究報告，他們發現孩子在各方面非凡的成就，包括音樂、藝術、數學、物理、運動等，以及孩子是否成為問題兒童或青少年（退學、吸毒、情緒失控、學習能力差、加入幫派等），與遺傳基因，以及父母的經濟能力、生活水準沒有絕對的關係，而是與這孩子在母腹時和出生後的成長過程的每個時期，其營養攝取足夠與否有絕對的關係。這份報告同時發現，孩子的營養攝取不足或不平衡，造成 10％至 15％的孩子有各種生理與心理方面的疾病，包括體力差、肌肉不結實、食慾不

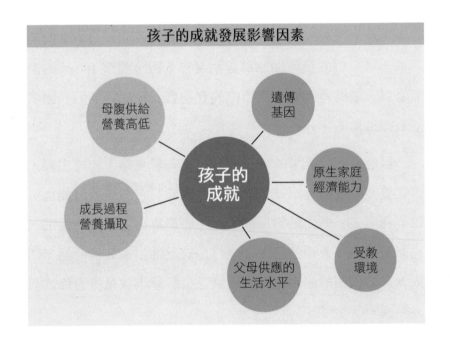

孩子的成就發展影響因素

孩子的成就

- 母腹供給營養高低
- 遺傳基因
- 原生家庭經濟能力
- 成長過程營養攝取
- 受教環境
- 父母供應的生活水平

佳、貧血、氣喘、學習障礙、好動、行為怪異等，以至於有越來越多的小兒專科出現。

　　根據我過去多年的臨床經驗，發現現代孩子發生過敏的機率越來越高，被診斷為過動兒、自閉症的比例同樣地遠多於從前，現代飲食習慣無法提供他們正常發育所需的營養是主因。科學家們也發現孩子在成長過程中的任何一個階段，如果沒有持續地攝取到成長所需的營養素，他們的潛能將大大的受到影響，限制了人生成就。

　　正如同許多作父母的，你也許花了很多時間、金錢與精力在栽培孩子，希望他們能讓你感到驕傲，期許他們的潛能獲得充分發揮。幸運的話，你的孩子將如你所願，但是大部分的父母也許正在為孩子的很多問題感到頭痛，甚或自責，並且覺得愛莫能助。這本書將為家長們提供另一方面的盼望，你將會發現你的孩子是可以更聰明、更健康、更懂得控制情緒。教養一個成功的孩子是要付出代價的，希望你們看了這本書之後，能實際重視並瞭解孩子真正需要的正確飲食和營養補充。

重點摘要

- 所謂基因潛能，是每個嬰兒出生時從父母的基因遺傳所決定。
- 平凡父母也可能有著不平凡的基因潛能，只是因為環境、教育的緣故，讓他們的潛能無法發揮。
- 孩子的潛能是出生就決定了，有沒有潛能是一回事，潛能能發揮多少又是另一回事。
- 營養的不平衡，造成 10％至 15％的孩子有各種生理與心理方面的疾病，以至於有越來越多的小兒專科出現。
- 科學家發現孩子的成長過程，如果沒有持續地攝取所需營養素，潛能發揮將大受影響，限制人生成就。

CHAPTER

2

基因
營養學

問題兒童的產生，是父母付出的不夠嗎？
遺傳，決定了一個人的個性？
為什麼我的孩子特別禁不起誘惑？
缺乏礦物質的青少年得靠吸毒獲得滿足？

我經常受邀分享關於如何教養孩子、如何培養孩子健全人格等等的會議，也常和兒童心理學家、兒童教育學家們在演講會場上見面，彼此交流心得。我注意到每次的兒童心理、教育學家們總是談到如何藉著正面鼓勵、給予愛、花時間與孩子相處、瞭解孩子、與孩子溝通等，來幫助孩子達到健全的成長與發育。

很多父母會提出各式各樣的問題，希望專家們為他們解決，而這些兒童領域的專家們也的確花很多時間研究：如何對已經有行為或思想方面問題的孩子給予幫助和治療。在這

類議題探討的演講會場上，參加的大部分是那些孩子使他們頭痛或讓學校為難的父母。

會場上最常聽到的是，這些專家們往往把「有問題的孩子」歸咎於父母沒有花時間在孩子的事上，沒有付出足夠的愛與關心等等。如此指控，對父母親來說，是很不公平的一件事。

孩子個性
與遺傳的絕對關係

某年暑假，一位高中畢業生來到我的診所打工，準備以後讀醫學院。他和前文提到的吉米一樣是個小留學生，10歲時被媽媽帶到美國就學，他的爸爸則是留在台灣工作。據我所知，這位媽媽並沒有刻意栽培孩子，但是這個孩子的個性很好，對人有禮貌，不易發脾氣，也很有想法，診所裡的護理人員和醫生們都很喜歡他。

每當我與人分享這位年輕人的事時，他們都認為他的個性本來就如此，是來自好的遺傳。的確，一個人的行為、情緒等，與遺傳有絕對的關係，但是為什麼還是有些孩子的行

為偏激？為什麼有些孩子較能承受壓力？又為什麼有些孩子容易有情緒、心理方面的疾病？

就生理學而言，當孩子受到外界的刺激，譬如環境、升學壓力、物質誘惑時，他們的身體會激起不同的生化反應。所謂的生化反應，是從大腦接受刺激產生決定，到腦下垂體下達指令至內分泌系統產生荷爾蒙，荷爾蒙再被運送到全身各細胞，進而產生行動等的過程。此一連串的生化反應，決定了這個孩子行為思想的表現以及是否產生疾病。同樣的壓力，對某些小孩可能造成疾病、情緒及行為的不當反應，而對某些小孩就不會有問題──這與他們的基因有很大的關聯。

科學家的研究發現，即使帶有較弱基因因子的孩子，如果於後天能補充足夠的營養素，如維生素、礦物質、胺基酸等，那麼孩子受這些不良基因影響而產生疾病或行為異常的機會，就會大大的減少。同樣的，即使是擁有很好的基因遺傳的孩子，如果成長過程當中沒有補充足夠營養素的話，他們也會容易產生疾病或行為異常的情形。這個理論醫學上稱之為「基因營養學」。

遺傳因子對身體的影響是藉由酵素系統產生，酵素系統是身體荷爾蒙與生化反應所必需的催化劑，而維生素、礦物

質是製造酵素活力所必需。因此越來越多的證據顯示，適當的飲食及維生素、礦物質的補充，將可以決定一個孩子的健康及行為。因此適當的食物選擇與營養補充，不僅能避免也可以治療疾病及矯正行為異常。

比如當孩子遭受情緒的刺激時，由大腦傳遞到內分泌腺體，尤其是腎上腺的訊息會引起腎上腺分泌荷爾蒙，此時如果孩子體內沒有足夠的維生素或礦物質，製造腎上腺荷爾蒙的酵素將會缺乏或活力不足，以至於腎上腺素不足，如此將造成疾病產生或情緒偏差。

例如有氣喘體質的小孩，當引起過敏的病毒或食物侵入時，只要體內分泌足夠製造腎上腺素，氣喘將不會發作，因為腎上腺素的分泌足夠，可以避免氣管的過度收縮而引起氣喘。醫師們都知道當孩子氣喘時，給予注射腎上腺素將達到快速抑制氣喘發作。而孩子的氣喘或過敏產生，是與父母的體質也就是基因遺傳有很大的關係，因為基因可以決定一個人是否能在過敏原刺激時產生足夠的腎上腺素。所以當營養素足夠時，這些不好的基因影響是可以受到改變的。

沒有壞孩子，
只有壞食物

　　根據研究指出，青少年因犯罪或吸毒、酗酒關進監獄的人，有60％嚴重地缺少荷爾蒙或礦物質，而其中有75％的人是小時候就被認為是好動的孩子。

　　研究中發現，當這些青少年假釋出獄以後，如果從他們的飲食中捨去甜食、垃圾食物（Junk Food），只有20％的人會再回到監獄裡去，比起一般的60％再犯罪又關進監獄的比例少了很多。《食物與犯罪》（Diet, Crime and Delinquency）的作者亞歷山大 · 史斯（Alexander Schauss）於著作中指出，「沒有壞孩子，只有壞食物」（No bad kid, only bad diet.）。

　　所謂「壞食物」，是指那些對孩子的發育有負面影響的食物。壞食物使孩子身體裡的生化反應包括荷爾蒙的分泌、能量的代謝等，沒有辦法達成平衡，以至於他們在面對來自家庭、學校等的種種壓力，或是酒精毒品的誘惑，比較不能承受應付。

　　同時，其腦內正面情緒中樞的能力也會降低，而由腦幹

的負面情緒中樞取代,使孩子有負面行為的表現,或是依靠食物來滿足自己,因此會有暴力傾向、脾氣暴躁、抽菸、酗酒、吸毒等情形產生。

美國克里蘭醫學中心（Cleveland Medical Center）的朗斯黛爾醫生（Dr. Lonsdale）所領導的研究發現,吃大量垃圾食物的孩子,幾乎都是營養不良的狀況。所謂的營養不良,並不是指身高或體重不足,而是雖然外表看來粗壯,但讓身體各方面功能運作最佳的微量營養素卻是明顯不夠。他的研究也同時發現這些孩子都有某種程度的人格或行為異常,程度小者如:好動、注意力無法集中、失眠等;程度大者如:吸毒、逃學等。

這項研究闡明了一個孩子在其各方面的成就,包括音樂、藝術、體能、學術成績等,與教育及環境沒有絕對關係,而是與孩子的飲食是否分配得當,以及食物裡是不是能提供發育期所需的營養素有絕對的關係。許多所謂問題孩子並不需要精神科醫生或心理醫生的諮詢,真正能幫助他們的其實是飲食與營養方面的諮詢。

案例剖析 | 網球名將因缺礦物質而行為異常

在美國，每年有 15,000 個 18 歲以下的青少年因為謀殺而被捕，每年也有相同數目的青少年自殺。研究青少年問題的專家指出，除了環境、教育等因素以外，「食物的攝取不平衡」是非常重要的因素。

前美國職業女網球選手卡普莉亞蒂（Jennifer Capriati），她在 13 歲時被預測為明日網球巨星，進而投身職業網球；14、15 歲時更是獲得多項網球錦標賽冠軍，被譽為網球界的「天才少女」！但是在 17 歲時，卻成為一位吸毒犯，且行為怪異的青少年。

卡普莉亞蒂的醫生發現，卡普莉亞蒂的飲食中缺乏某些營養素，使其體內嚴重缺少礦物質，這使她會想要藉著吸毒，才能使身體覺得舒服。這無疑是一個營養不良影響行為異常的案例。

沉寂了兩年，卡普莉亞蒂經過完善的治療後再度復出網壇，並於2001年勇奪網壇四大公開賽的澳洲網球公開賽及法國網球公開賽之女子單打冠軍，更於2012年7月14日正式成為國際網球名人堂成員。東山再起的過程，令人們難以忘懷。

卡普莉亞蒂的實例證明了食物與犯罪間的關聯性，亦凸顯出如果吃對食物，要讓一個人發揮他的潛能是一件「可能的任務」。

重點摘要

- 同樣的壓力，對某些小孩可能造成不當反應，而對某些小孩就不會有問題，這與基因有很大的關聯。

- 即使帶有較弱基因因子的孩子，如果後天能補充足夠的營養素，受這些不良基因影響的機會，將大大減少。

- 壞食物使孩子身體裡的生化反應沒有辦法達成平衡，以至於他們在面對外界的壓力或是酒精毒品的誘惑，比較不能承受、應付。

- 所謂營養不良，不單單指身高或體重不足，而是讓身體功能運作的微量營養素明顯不足，這也是營養不良。

- 許多問題孩子並不需要精神科／心理醫生的諮詢，真正能幫助他們的是飲食與營養方面的改善。

CHAPTER
3

危害孩子
健康發展的
三大類食物

柳橙汁是健康食物，可以每天給孩子喝？
孩子就只愛吃漢堡，偶爾吃吃沒關係？
熱量消耗大，甜食是最快速直接補充的方法？
糖尿病是大人才會有的問題，小孩不用太擔心？
攝取太多人工糖，孩子恐怕會長不高變侏儒？

本書最核心的觀念在於落實「健康決定於幼時飲食」，父母如能以身作則為孩子示範良好的飲食常規，將對孩子的未來產生長期的習慣效應。身為父母，孩子飲食的主要決定者，我們不但要瞭解哪些食物有益於身體健康、是人體所需基本營養素，也要有能力辨別危害身體的食物。

含咖啡因的飲料

含咖啡因的食物是最不適合孩子攝取。很多的父母以為孩子只要不喝咖啡就不會攝取到咖啡因，其實可樂成分中的咖

啡因含量幾乎與咖啡是一樣的。其他如紅茶、奶茶、巧克力，亦是早餐店、便利商店常見的含咖啡因飲料。父母應為孩子把關，如果真的要喝，12歲以後或許是個比較安全的年紀。

咖啡因是一種刺激物質，對孩子的健康有不良的影響，像是加重睡眠中斷的症狀，拉長賴床時間，甚至演變成情緒焦慮。一旦從小習慣喝含咖啡因的飲料，長大以後很難戒斷，更有甚者易造成咖啡因成癮。即便想停止喝這些含咖啡因的飲料，孩子卻可能因此出現頭痛、肚子不舒服、沮喪、脾氣暴躁等現象的產生，這就是所謂的停藥症候群（Withdrawal Sysdome）。

咖啡因會使體內的很多維生素如 B_1、B_8（Inositol，肌醇）流失，它也是很強的利尿劑，會使鉀及鋅從尿中流失。建議父母以沒有咖啡因的飲料或牛奶來代替，避免孩子從小就對咖啡因上癮，相當不利於孩童的健康、學習與腦力發展。

這裡要額外補充的一件事是，一項國外研究顯示「柳橙汁有助於提神醒腦」，因其含有豐富的維生素 C 和植化素「類黃酮」，有助緩解疲勞，提升腦內新陳代謝和血液循環。所以如果父母要給孩子喝蔬果汁，要留意飲用的時間，以免孩子晚上不易入睡。

西式速食

漢堡裡的肉是美國當地很多孩子攝取蛋白質的來源，但也含有很多對健康以及發育不好的成分。因為漢堡含有太多的脂肪、糖及鹽，這些東西的壞處多於好處，同時蔬果含量過低，對於長期以漢堡為主食的孩子，將無法從蔬菜水果中吸收到足夠的維生素、礦物質，而造成營養不良。

漢堡套餐中必備的薯條，也是孩子非常喜歡吃的食物，如果餐廳是用動物油來炸薯條，將使孩子攝取到太多的飽和脂肪有害身體以外，薯條往往含有大量的鹽，高油高鹽有害身體。

熱狗是高脂肪、低蛋白的食物，而且含有大量的鹽、鉀和亞硝酸鹽（Nitrite）。其中的亞硝酸鹽被認為是一種致癌物質，早期於美國的醫學報導曾指出，多吃熱狗的孩子得到癌症的機率較高，從此熱狗的市場似乎小了很多，因此還是少吃熱狗為妙。

披薩和薯條一樣，是含有大量脂肪、糖和鹽的速食，對小孩也有壞的影響。

▶麥當勞餐點也可以健康吃

　　台灣的西式速食龍頭品牌麥當勞，於 2015 年底推出新版兒童餐「Happy Meal」，以符合食品安全衛生管理法第 28 條規範的國家標準——中央主管機關對於特殊營養食品、易導致慢性病或不適合兒童及特殊需求者長期食用之食品，得限制其促銷或廣告。強調兒童餐減納之餘，配餐更改為玉米杯或四季沙拉、水果袋，不僅熱量更低，還能提供孩子更多蔬果營養。

食物名稱	熱量	蛋白質	脂肪	碳水化合物	鈉
Happy Meal 陽光鱈魚堡	466kcal	22g	18g	57g	540mg
Happy Meal 一口咬麥麥雞	325kcal	17g	2g	54g	450mg
大麥克	554kcal	26g	29g	49g	660mg
吉事漢堡	315kcal	16g	13g	34g	520mg
麥香雞	365kcal	14g	16g	39g	750mg
麥香魚	333kcal	14g	15g	36g	520mg
陽光鱈魚堡	269kcal	13g	9g	37g	410mg

黃金起司豬排堡	433kcal	18g	20g	46g	1020mg
千島黃金蝦堡	382kcal	14g	15g	47g	780mg
一口咬麥麥雞	76kcal	15g	1g	2g	220mg
麥克雞塊（4塊）	180kcal	11g	12g	9g	290mg
麥脆雞腿原味	398kcal	24g	26g	17g	610mg
薯條	265kcal	4g	13g	33g	200mg
蘋果派	231kcal	2g	11g	31g	150mg
玉米杯	86kcal	2g	1g	17g	130mg
四季沙拉（小份）	37kcal	1g	0g	8g	30mg
玉米濃湯	94kcal	2g	2g	17g	650mg
柳橙汁	163kcal	0g	0g	35g	0mg
鮮乳	160kcal	8g	9g	12g	100mg
可樂（小杯）	149kcal	0g	0g	38g	10mg
蛋捲冰淇淋	147kcal	3g	5g	24g	70mg

（※ 資料來源：2020 年台灣麥當勞官網的營養計算機）

甜食

從營養學的觀點，「糖」可以說是身體能量的來源，人體活動能量大約有 60％至 70％是由醣類氧化後產生的熱量來供應。在充滿活力、活動力強、熱量消耗大的孩童時期，甜食可說是最快速、最直接的補充熱量方法。尤其是在劇烈運動後或天冷時，就連大人都會不自覺的湧出對甜食的慾望。小時如此，及至成人也延續這種對甜食的偏好，一旦醣的供應不足，就易使人沒體力、頭腦昏沉、情緒低落。糖，是正值快速發育時期的小孩所需營養，適當的醣類攝取非常重要，關鍵在於是否吃對「糖」。

吃錯糖，小心糖尿病纏身

我們必須意識到身體運作的一個事實：當人體攝取的是「複合糖」（Complex Carbohydrate），譬如來自蔬菜、水果、穀類裡面的醣分時，胰島素的分泌只要很少量就可以讓這些糖進入細胞。但如果所攝取的是「人工糖」，也就是經過處理的人工加味糖時，胰島素的分泌要多好幾倍，才能使血液中的糖分維持在正常範圍內。如此經年累月，很容易就讓我們的胰臟功能因分泌過多的胰島素而漸漸功能低下，因而罹

患糖尿病。很多沒有糖尿病家族史的人，就因為這樣而得了糖尿病。也就是説，即便一個人天生沒有糖尿病遺傳基因，卻從小就攝取過多的人工糖，那麼罹患糖尿病的機會將比一般人高，且年齡也將提早很多！

如果直系、旁系血親或上幾代的家人有糖尿病病史，你的小孩更需要比一般孩子從小注意糖類的攝取，家中最好不要有糖果、冰淇淋等人工糖製品，改以具備天然糖分的蔬果取而代之。可惜的是，今日物資豐足，食品日趨精緻化，致使一般家庭乃至學校周邊環境，幾乎都充滿了人工糖製品，餅乾、蛋糕、巧克力、軟糖、汽水等。這也是為什麼糖尿病以及其引起的併發症，包括高血壓等的病人增加，且越來越年輕化。大部分人都喜好甜的食物，尤其是小孩子。

很奇妙的是，舌頭上甜的味蕾與大腦感覺舒服、高興的中樞相連，因此吃到甜的東西就會感到快樂滿足。新生兒一出生就喜好母奶，因為母奶含有的乳糖是甜的，他們也喜歡果汁、蜂蜜、甜麥片等食物。要知道文明進步前，人們能攝取到的糖類都是天然食物所含的複合糖，複合糖的甜味沒有人工的單糖那麼甜。當人工糖出現之後，很多小孩已經無法滿足於天然食物的糖分。因此，冰淇淋、巧克力、糖果、可

樂為其所好，甚至在新鮮水果上也加上人工糖製品，常見的有糖葫蘆、草莓加煉乳、芭樂／小番茄加梅粉。漸漸的，這些孩子不能一天不吃糖，特別是當他們開始有零用錢花用時，有的偷吃，有的偷買來吃，有的只吃甜的食物，對其它食物沒興趣。明知糖吃多對身體不好，但作父母的很難一天 24 小時都跟在孩子身邊。

攝取太多人工糖恐變侏儒

除了前文提到人工糖對胰島素及類荷爾蒙分泌對健康的影響外，它對孩子的「生長荷爾蒙」（Human Growth Hormone）也會產生影響。生長荷爾蒙是小孩成長，尤其是肌肉、骨骼發育以及細胞修護能力所必需，一個缺少這種荷爾蒙的孩子是長不大且抵抗力會很差，如果天生缺少生長荷爾蒙又不補充的話，是會成為侏儒的。

小孩藉著運動可以刺激生長荷爾蒙的分泌，而在青春期時更是分泌生長荷爾蒙的重要人生階段，他們會突然發育的很快。當孩子體內的生長荷爾蒙多的時候，他將能長得強壯且抵抗力好，睡眠深穩。

而生長荷爾蒙與胰島素的分泌互為影響，當體內的胰島

素因為大量人工糖的攝取而分泌太多或太快時，它會抵銷生長荷爾蒙對身體的作用，如此對一個小孩的發育有很大的影響。如何避免孩子吃這些垃圾食物？作父母的應該知道什麼點心才是對孩子的健康有益。以下是我的建議：

1. **新鮮的水果：**含有大量的維生素和礦物質，如：西瓜含有豐富的鐵、柑橘含有大量的維生素 C。

2. **乾燥的水果：**乾燥後的水果仍保有其自然甜味，而且裡面的維生素、礦物質也相當多。但請切記要選無加糖的乾燥水果，或是自製乾燥果乾。

3. **生的蔬菜：**有些孩子不能接受煮熟的蔬菜，卻能接受做成蔬菜沙拉的生鮮蔬菜。但仍不建議過小的孩子吃生食，而且這部分會有農藥殘留的疑慮，在選購上請遵循三大原則，（1）挑選不太需要噴灑農藥的蔬果，（2）挑選具備有機認證來源，（3）認真清洗蔬果，最後再用冷開水洗一遍，或是用熱開水燙 30 秒。

4. **果實的種子：**也就是堅果類的食物，如葵花子、南瓜子、杏仁等。這些堅果類含有大量的礦物質及不飽和脂肪，像是南瓜子就含有大量的鋅。

重點摘要

- 新鮮果汁含豐富維生素 C，但孩子不宜過量飲用或太晚喝，將影響睡眠。

- 咖啡因並非只存在於咖啡飲品中，給孩子飲料前，應多瞭解飲品成分。

- 西式速食不僅含有高熱量，往往鈉含量也是高得驚人。

- 不想讓孩子小小年紀得糖尿病，請以堅果取代不健康的精緻糕餅。

- 糖是孩子成長發育必要之營養素，但選對糖的食物來源，才真正有助身體健康。

CHAPTER
4

「吃」出
孩子的
基因潛能

孩子的基因潛能與飲食有什麼關聯？
進入 Zone 健康軌道，就能揮別疾病？
可以給孩子吃點心，但怎麼吃最健康？
蛋白質和醣類其實有最佳攝取比例？

很明顯的，沒有食物就沒有生命，沒有身體裡的消化及生理系統來分解利用這些食物，生命將不能持續。食物除了可以讓你享受美味不至飢餓以外，其對身體而言，還有更重要的意義。

要達到真正的健康，你必須注意每天吃進去的食物是否對身體有益。英文有句話很有意思「You are what you eat.」，意指你吃什麼樣的食物，決定你會成為什麼樣的「人」，這包括思想、情緒以及健康等的影響。也就是說，每天所吃進肚子裡好幾公斤的食物品質以及成分，與你的健康和生命是

那麼密不可分。不僅對大人如此，對小朋友更須從小注意。健康的飲食沒有大人與小朋友的分別。

從 20 世紀中期人們就開始研究怎麼吃才健康，當時從事研究的營養學家大多是根據如何維持人體構造所需的巨量元素包括蛋白質、脂肪以及醣類的需要量及分配適當來制定。到了 1980 年代發現除了這些巨量元素外，食物裡的微量元素也是維持健康不可或缺的。此時，一些營養學家開始以食物中所含微量元素對人體健康的影響為研究，這些微量元素包括維生素、礦物質及食物營養素如抗氧化物等，而有吃某些食物對健康有益的說法，如胡蘿蔔裡的胡蘿蔔素有益眼睛，吃大蒜可預防感冒減少癌症的發生，這些研究結果幫助了許多人的健康。

到了 1990 年代，學者們又開始研究哪一些食物會對身體造成不良影響，尤其是該世代盛行高血壓、糖尿病、心臟血管疾病，人們談論最多的是「什麼食物不應該吃？」。儘管如此，還是沒有讓人類的健康向前邁進一大步，雖然人們的壽命增長了，但是慢性病、新的疾病也不斷產生。無庸置疑的是，食物對人類健康的影響遠超過我們過去所知道的，而從小就為孩子建立正確飲食觀念，將幫助他們擁有一個健康的人生。

打造 Zone 健康軌道有方法

食物除了讓人有生命氣息以外，最重要的是：如何協助一個人生活於充滿活力的穩定狀態，而所謂的穩定狀態囊括體能、智力及情緒三面向，在醫學上稱為「Zone」，就是「健康軌道」。

一般人所認知的健康，通常意謂著沒有疾病，而這裡所講的「健康軌道」是指一個人在非常健康的狀況下，此時他發生疾病的機率極小，精神狀態非常輕鬆，頭腦處於清晰敏銳且充滿無限的活力。從醫學的角度解釋，這時候身體各個部分的代謝狀態運行在最佳狀況，就好像太空船進入到太空軌道，可以自由的運作一樣。相對的，在這個軌道以外，將會有健康上的問題，大到疾病的產生，小到體力不濟、頭痛等等。如何讓你的孩子達到健康軌道，與他們所吃進去的食物的比例與種類有非常重要的關係。

在過去數十年當中，一直有不同的「食物分配建議」被提出。最早的營養學家認為 1 / 3 的蛋白質食物、1 / 3 的脂肪食物，再加上 1 / 3 的醣類食物是最健康的飲食規畫；事實上是當時的營養學家只瞭解這三類食物都是身體所需，所以自然

認為均衡攝取是最好的分配。但是當脂肪食物引起越來越多的退化性疾病，如動物性脂肪油將危害心臟血管、產生癌症等的研究陸續被證實後，脂肪的攝取量和種類又被營養學家重新定義，開始建議減少脂肪的攝取量，降到占食物總能量的20％至25％，而醣類食物的攝取量增加到45％至50％。

另外醣類的攝取也不再是那麼單純，由於精製糖被大量使用在麵包、糖果等食物，加上糖漿、人工加味糖的普遍流行，使得一般人所攝取的糖不再像人工糖出現前的天然糖類那麼單純。人工糖對於人體的壞處多於益處，也是現代人慢性病風險提高的原因之一，因此營養學家重新審視對於醣類攝取的比例和種類。總之，隨著文明的進步，食品工業的發達，飲食不再是那麼單純了。20世紀末期，美國營養學會建議最適當的飲食分配是15％至20％的脂肪、15％至20％的蛋白質，以及60％至70％醣類食物的攝取，是最適合個人的健康飲食分配。

而美國心臟學會建議最均衡的飲食是，食物中的卡路里20％蛋白質、20％脂肪、60％醣類食物。另外部分提倡素食的人，他們則是建議食物中的卡路里10％是植物性蛋白質、10％是植物性脂肪，而80％是蔬菜、水果、澱粉等醣類的食

物分配。可以看得出來蛋白質及脂肪的攝取被減少了，取而代之的是建議多食用醣類食物，並且沒有限制哪種醣類食物。但是這些飲食建議卻沒有為開發國家，尤其是美國人的健康與壽命帶來值得欣慰的結果。

開發國家中肥胖的人越來越多，罹患癌症、慢性病的人甚至有年輕化的趨勢，為什麼？很主要的原因在於這些以前

20 世紀的飲食觀念

動物性脂肪
（沙拉油）

牛奶、起司

雞豬牛肉蛋豆類
（蛋白質）

各式蔬菜

各種水果

五穀雜糧

被認為適合健康的飲食方式，在 20 世紀的末期已被科學家證明其實是不適合人體健康。美國醫學界終於承認過去數十年來美國人的飲食習慣，大大損害了他們的健康。

　　經過多年的臨床證實，科學家發現以食物攝取的卡路里來算 40％的醣類、30％的脂肪以及 30％的蛋白質的分配是最健康的。不僅如此，食用何種蛋白質、脂肪或醣類食物也與

21 世紀的新飲食建議

五穀雜糧

動物性脂肪
（橄欖油）

雞豬牛肉蛋豆類
（蛋白質）

各式蔬菜

各種水果

H_2O

以前不同了。此一理論基礎是以「食物對身體荷爾蒙的影響」為研究，可說是革命性的發現。與上一世紀最大的差別在於米飯、麵包等澱粉類食物建議只吃少量，不像過去澱粉類食物是佔飲食的大部分。（參見第 52、53 頁圖）

其原因我將一一分析。

缺少生長荷爾蒙的 孩子長不大

最新研究發現，食物對健康的影響是基於食物對人體內掌管全身細胞活力的內分泌腺所分泌的荷爾蒙的影響，也就是說食物經消化道的分解吸收進入體內，不再僅是它們對身體各器官細胞的直接影響，主要是食物在體內引起的荷爾蒙的變化，才是對身體健康影響最大。

荷爾蒙，是內分泌腺體分泌的一種非常微量但是卻非常強力的化學物質。它掌管全身各細胞的活力，就如同機器的電流，沒有通電的機器只是個死的鐵的組合而已。人體也是一樣，如果沒有荷爾蒙在各細胞的作用，身體也只是個沒有功能的肢體而已，這也是為什麼缺少生長荷爾蒙的孩子長不

大，缺乏甲狀腺荷爾蒙的人代謝功能會衰退，沒有女性荷爾蒙的女人其女性特徵會消失的原因。而荷爾蒙更是喜怒哀樂等情緒表現的控制者，可以說缺少荷爾蒙的話，即使身體有再好、再均衡的營養也將不能發揮作用。不僅如此，荷爾蒙彼此間的相互平衡更是非常重要的。

人體有兩群荷爾蒙的分泌與我們吃進去的食物有非常直接的關係，而這兩群荷爾蒙的分泌直接影響一個人的健康，指的即是由胰臟分泌的兩種荷爾蒙「胰島素」及「升糖激素」，當你吃進的食物使體內產生過多的胰島素時，壞的「Eicosanoid」就會相對分泌多於好的「Eicosanoid」。以前大家只知道這兩種荷爾蒙主要是與血糖的平衡有關；當我們吃醣類食物後血糖隨著上升，於此同時，胰臟也會分泌胰島素使多餘的血糖進入細胞，而使血糖維持在一定濃度。而當血糖濃度太低，如飢餓時，升糖激素又會分泌，而使肝臟儲存的肝糖分解，釋入血液中以提高並維持血糖的濃度，使人不會因血糖太低而昏迷。

不僅如此，最近研究發現身體要維持「健康軌道」，體內的這兩種荷爾蒙須達到平衡。這兩種荷爾蒙與使健康受到傷害的分泌有著重大的關係，因為當胰島素分泌太多時，體

內會製造大部分壞的「Eicosanoid」類荷爾蒙。而升糖激素的作用恰與胰島素相反，適量的升糖激素會使身體產生好的「Eicosanoid」類荷爾蒙有益於健康。而什麼是「Eicosanoid」類荷爾蒙？

人類荷爾蒙物質的英文稱為「Eicosanoid」（中譯：類花生酸），很多醫學界人士都還不清楚它的作用，這一群化學物質也被稱為「超級荷爾蒙」，因為它們能控制荷爾蒙在細胞上的作用。可以說幾乎控制身體所有的生理作用包括心臟血管系統、免疫系統、中樞神經系統、生殖系統等等的活力，因此它們是與身體健康最有關係的一群化學物質。這群類荷爾蒙是由一些你可能不常聽到的化學物質所組成，像 Prostaglandins 中文譯為「攝護腺素」，還有 Thromboxanes、Leukotrienes 等等。這些化學物質是在 1982 年由一群科學家發現，並且因而得到當年的諾貝爾醫學獎，從此，無數相關研究陸續被發表，一直到 1990 年初才在醫學界得到共同的認定，確定它們與健康的關係是如此之大。這些化學物質幾乎存在於身體的每一個細胞，由細胞分泌以後在血液中存在的時間非常短，幾乎只有幾秒鐘，只完成它們的工作就消失了，因此不容易在血液中測量到。

它們分為兩種類型，一類為好的，一類為壞的。前文提及的「攝護腺素」分為 PGE1、PGE2 等其他不同類別，而 PGE1 對健康是好的，PGE2 卻對血管有破壞作用。而體內要有多數好的「Eicosanoid」以及少數不好的「Eicosanoid」才能達到平衡，也就是要有一定比例對身體健康才好。如同膽固醇分有好的膽固醇和壞的膽固醇一樣，身體不能完全沒有壞的膽固醇，但也不能有太多壞的膽固醇。同樣的也不能有太多好的「Eicosanoid」，好的「Eicosanoid」可以阻止血管裡的血小板凝固，避免造成心臟血管阻塞和中風，但是太多好的「Eicosanoid」也會引起血管過度擴張造成休克，而太多壞的「Eicosanoid」卻會促進血栓的形成而造成中風以及心臟血管阻塞。科學家發現當身體裡面好的和壞的「Eicosanoid」平衡的時候，身體得到各種疾病的機會大大減少，體內各部分的機能將運作在最好的狀況。

科學家也發現人體的很多疾病像肥胖、心臟病、癌症、糖尿病、關節炎、免疫系統疾病、憂鬱症等等，都與身體的「Eicosanoid」不平衡有直接關係。舉個例子來說也許比較容易明白，大家都知道阿斯匹靈（Aspirin）長久以來被用在控制疼痛、發燒和發炎，也被一些人長期服用以避免心臟血管

阻塞及中風。阿斯匹靈能夠發揮以上的作用是因為阿斯匹靈可以減少攝護腺素（Prostaglandins E2，常簡稱 PGE2）的濃度，而 PGE2 是造成關節發炎、疼痛以及發燒的一種屬於壞的「Eicosanoid」類荷爾蒙，另外阿斯匹靈也可以抑制身體裡面另外一種造成中風的壞的「Eicosanoid」叫「Thromboxane A2」的作用。

血栓素 A2（Thromboxane A2）有強力的血管收縮作用，並且很容易使血管內血小板凝聚造成血管阻塞，而阿斯匹靈可以抑制這種物質的產生，達到減少心臟血管阻塞和中風的作用。1988 年新英格蘭醫學雜誌發表的研究顯示，每天服用少量阿斯匹靈可使一個健康的成年人罹患心臟病的機會少40％，從那時起，阿斯匹靈成為許多心臟病患者經常服用的藥物，根據美國估計，阿斯匹靈可以避免一年 60 萬人免於心臟病的危害。所以不同食物在身體的作用也像阿斯匹靈一樣，藉著刺激對不同類荷爾蒙的分泌而對身體健康產生影響。

當然，身體裡面「Eicosanoid」的產生不管是好的壞的，與多種因素有相當的關係，像年紀的增長、疾病病毒的感染和壓力等都會使壞的「Eicosanoid」產生增加，但最重要的還是與你吃進去的食物的種類與品質有非常絕對的關係。

　　而食物如何控制「Eicosanoid」的產生呢？食物是藉著對胰島素和升糖激素分泌的影響而間接影響「Eicosanoid」的分泌，這一點我將在下文詳細說明。

怎樣吃最健康

　　食物在體內引起的荷爾蒙變化對健康的影響，完全推翻了以前所有營養學家和科學家所提出「怎樣吃最健康」的理論。研究食物分配的營養學家貝瑞‧希爾斯（Dr. Barry Sears），他是研究食物與人體健康最出名的營養學家，同時也是一名生化博士，其領導的研究及所提出的飲食分配理論，受到醫學界一致認可，並在人體臨床試驗得到證實。這位營養學家的理論是根據人體的構造、基因以及人體攝取食物引起的荷爾蒙變化而提出，他把他們的研究以《The Zone》為名出版，在世界各地成為暢銷書，可惜這本書寫得有點深，不懂醫學的人不容易完全瞭解。

　　此一研究結論提出，以健康、長壽為目標的飲食，最重要的是掌握蛋白質與醣類攝取的比例。書中談到，蛋白質與醣類攝取的比例以重量或卡路里來說，應介於 2：3 至 3：4 中間，這將是最適合一個人的生理和健康狀態。也就是說每一

餐所吃的食物，如果有 1 公斤是蛋白質食物，應該同時吃 1.3 到 1.5 公斤的醣類食物，而且醣類食物應以蔬果為主，從米飯、麵包等澱粉食物攝取的醣類應只佔少量。希爾斯建議不僅是一天所吃的食物採取此比例規畫，而是每餐所吃的蛋白質跟醣類攝取都需要有這種比例才是最健康的，任何超過或低於這種比例都會對健康產生不良的影響。他的理論後來陸續得到許多機構的證實，因此是現今「怎樣吃最健康」的權威根據。

舉些例子來說也許比較容易瞭解，如果讓孩子早餐吃麵包加上喝杯果汁，那不是很好的選擇，因為果汁、麵包都是含糖類食物，而且是高升糖指數的食物，進一步就食物成分來分析，蛋白質的含量實在是偏低。以健康軌道飲食的觀念

✕ 不符合健康軌道 飲食的早餐	○ 符合健康軌道 飲食的早餐
1 個麵包 +1 杯果汁	**2 顆水煮蛋 +1 杯低脂牛奶 +1 份水果**
• 蛋白質含量偏低 • 醣類攝取過多 • 容易昏昏欲睡影響學習	• 改以蛋白、牛奶提高蛋白質比例 • 新鮮水果取代果汁能攝取好的醣類 • 有助增加膳食纖維的攝取

而言，不是太理想的早餐，而且早餐若攝取了太多含醣類食物，將造成孩子的血糖一下子升得太高，容易昏昏欲睡，對學習，甚至是活動都會有不小的障礙。不妨改以兩顆蛋白（水煮蛋，不吃蛋黃），加上一杯低脂牛奶和一份水果，則蛋白質與醣類的比例將在健康軌道的飲食要求之內。

再以晚餐為例，如果晚餐以一碗麵加上青菜和幾片肉，可以看出在這份晚餐當中，醣類佔了大部分。試著將麵類減少為 1／3，加重青菜和肉類的分量，對孩子來說，會比較符合健康軌道的飲食分配。

那麼孩子最愛的點心時間可以怎麼安排呢？活動量大的孩子，在下午 3、4 點的時候容易感到肚子餓，通常父母親習慣給麵包、餅乾甚至糖果充飢，這並不是適當的選擇，因為這些食物含糖量都太高了，往往孩子吃完這些食物後，到了晚餐時間反而沒胃口吃不下飯，所以不妨改給孩子如花生、核桃、蛋、豆腐乾等富含蛋白質的食物，再搭配少量的澱粉類食物，會比較適當。

當然，對於一般以米飯、麵條為主食的家庭來說，沒有攝取足夠的澱粉類食物就好像沒有吃飯一樣，我建議採取漸進的方式來改善飲食習慣，等到逐漸調整到符合健康軌道的飲食規

畫後，人體將會感受到健康獲得極大的改善。

　　你可能會疑惑：這樣攝取食物的比例是怎麼算出來的？原因與前文所提及的荷爾蒙分泌有關。科學家們發現當一個人飲食的蛋白質與醣類的比例介於 2：3 至 3：4 的時候，體內會分泌較多好的「Eicosanoid」類荷爾蒙，相對的分泌比較少壞的「Eicosanoid」，同時好的與壞的「Eicosanoid」類荷爾蒙的比例會達到最適當的平衡，而這種平衡是身體保持健康的關鍵，也就是說當這兩種類荷爾蒙的比例達到平衡，身體將會進入最佳的健康軌道，你會充滿活力，頭腦思路清晰，不容易產生疾病。

　　這種食物比例的分配經過美國的營養學家和科學家在很多不同的人群裡面做試驗，最出名的就是美國史丹福大學（Stanford University）與 NBA 職業的籃球隊、橄欖球、棒球隊做的實驗。他們把一半的球員照平常飲食方式，另外一半的球員依照 3：4 的蛋白質、醣類比例飲食，結果發現照這比例吃的球員，他們的體能、體力、健康程度都遠超過那些不照這種比例飲食的球員，而且於球隊進步的速度也大大的增加。另外，對於有心臟病、慢性疾病、糖尿病、肥胖等病人的實驗，也發現這種飲食有助於大幅降低這些人生病的嚴重

程度。

　　現在，我相信你已經瞭解食物比例對健康的影響。但是，是否任何的蛋白質、醣或是脂肪都合適呢？這答案是否定的。除了比例外，食物來源的選擇對身體健康有顯著影響力。

　　下一章我們來談談，哪類的蛋白質、醣類與脂肪對於健康有益。

重點摘要

- 你吃什麼樣的食物，決定你會成為什麼樣的「人」。
- 食物在體內引起的荷爾蒙變化，對身體影響最大，所以吃進什麼很重要。
- 孩子的點心時間，以蛋白質食物取代澱粉類食物會更好。
- 健康軌道的飲食方程式＝蛋白質：醣類＝3：4。
- 掌握「平衡的食物比例」等於類荷爾蒙的比例達到平衡，身體將會進入最佳的健康軌道。

CHAPTER
5

認識三大
營養物質與
其生理功能

禁食超過 12 小時，就會因血糖過低感到暈眩？
長期嗜甜食的人，比一般人更難減肥？
孩子不喜歡吃蔬菜，喝果汁取代也可以？
植物性蛋白質的營養比動物性的蛋白質差？
是不是所有的植物油都對身體有益處呢？

一、醣類

　　兒童的很多疾病，包括氣喘、抵抗力差、容易生病、過敏等，都與糖的攝取有很大的關係。那什麼是醣類食物？

　　一般人能輕易判別糖、麵包、蛋糕、冰淇淋等甜食是醣類食物，而不清楚的是所有的蔬菜、水果包括芽菜、香菇、馬鈴薯等，其實也都是醣類食物。父母該認知到的是，蔬菜水果才應該是一個人攝取醣類的主要來源，而不是蛋糕、糖、飯等醣類的食物。

　　人的身體需要持續地攝取到醣類食物，尤其是大腦，因為葡萄糖是大腦能量的唯一來源。人類的大腦仰賴葡萄糖不斷地

供應能量，身體血液中有 2 / 3 的糖分是循環到腦部，才能維持腦部的活力。這也是為什麼當血糖指數降低的時候，人們會感到頭昏目眩、注意力沒辦法集中、愛睏，甚至昏倒。

當身體有多餘的糖，它會先以「肝糖」的方式儲存於肌肉或肝臟，若仍有多餘的糖則將被轉換成「脂肪」儲存起來。但是當身體缺糖的時候，只有在肝臟所儲存的肝糖可以被分解進入血液以供應身體運作之需要，而肌肉裡所儲存的肝糖卻沒有辦法被分解。一個人的肝臟所能儲存的肝糖大約只有60至90克而已，等於兩份蛋糕；也就是說，只要人體禁食超過12

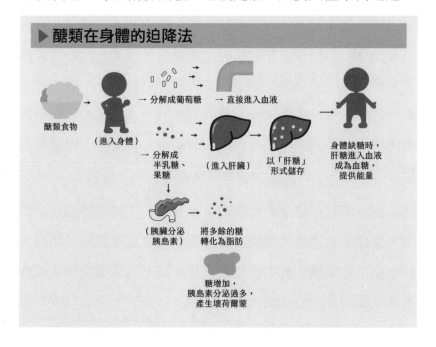

▶ 醣類在身體的迫降法

醣類食物 →（進入身體）

→ 分解成葡萄糖 → 直接進入血液

→ 分解成半乳糖、果糖 →（進入肝臟） → 以「肝糖」形式儲存

身體缺糖時，肝糖進入血液成為血糖，提供能量

（胰臟分泌胰島素） 將多餘的糖轉化為脂肪

糖增加，胰島素分泌過多，產生壞荷爾蒙

小時，肝糖就會被用完，轉而必須靠蛋白質、脂肪等的代謝產生糖來維持血糖的穩定，使人不至於血糖太低。

當胰島素過度刺激脂肪細胞的後果

醣類進入身體，胰臟會分泌胰島素，作用在於使血糖不至太高而維持在一定濃度，這是身體維持平衡的一個正常反應。當攝取的糖越多，胰島素的分泌便相對增加，一旦分泌過多的胰島素會使體內產生壞的「類花生酸」；如同第 4 章所談，它對身體的健康有很大的危害。

胰島素的另一作用是使醣類轉化成脂肪，不僅如此，它也會指令脂肪細胞不要把脂肪釋放出來，因此長期攝取過多醣類的人，即使吃低卡路里的食物也不容易減肥，因為這些人的脂肪細胞已經因為長期受到過多胰島素的刺激，而不容易把脂肪從脂肪細胞釋放出來。要避免兒童肥胖，尤其是有肥胖家族史的小孩，從小就應避免攝取太多的甜食。

而並不是每種醣類食物都會在身體產生同樣的胰島素反應，關鍵在於攝取的醣類食物種類，主要是根據這些醣類食物中所含的糖進入你的消化道以後，被吸收到血液裡的速度來決定胰島素分泌的量以及速度。

最佳醣類食物：蔬果＞乳製品＞澱粉

任何醣類的食物一旦進入消化道後，就必須被消化分解成三種單糖，分別是葡萄糖、半乳糖以及果糖，然後才能被腸壁吸收進入體內。葡萄糖可以直接進入血液循環裡，而半乳糖及果糖須先到肝臟，代謝成為葡萄糖才能進入身體的血液循環。這三種單糖以葡萄糖進入血液的速度最快，也在身體產生最多胰島素的分泌，其次是半乳糖，再來才是果糖。

因此一個人吃進去的糖，到最後是分解成為葡萄糖、半乳糖或是果糖，決定了身體胰島素分泌的反應。蛋糕或糕餅類、麵條、米飯等澱粉類食物，它們進入消化道後都完全被分解成為葡萄糖，因此很快的由消化道進入血液，進而產生很大的胰島素反應。而蔬菜水果所含的糖，在消化道大部分被分解成為果糖；乳類食品如牛奶所含的糖，在消化道是分解成半乳糖才被消化道吸收。又以蔬菜水果較不易刺激胰島素的分泌，是較適合人類包括大人與小孩食用的醣類食物，而澱粉類食物所含的糖則是最不適合。

此外，蔬菜水果所含的纖維可以使它所含的糖在消化道被吸收的速度變得更慢，纖維含量越多，糖被吸收入體內的

速度越慢，因此吃水果跟喝不含纖維的果汁對身體產生的胰島素反應是不一樣的。一般營養學家之所以不完全提倡直接喝果汁或蔬菜汁，除了榨汁過程會對營養成分造成破壞和流失一定的營養，其實更重要的是少了纖維的果汁將使胰島素分泌過速，而對身體運作造成影響，相對是大大的抵消了蔬果汁原本的益處，因此喝蔬果汁是不完全有益於身體健康的。作父母的應讓孩子從小習慣吃新鮮水果，而非以蔬果汁代替。

遠離小兒高壓吃低升糖指數就對了

由上可知，決定一種醣類食物對身體的好與壞，是根據它們被吸收進入血液的速度來決定，醫學上稱為「升糖指數」（Glycemic Index）；指數高者就表示它們容易被吸收，像穀類、麵包、飯及果汁、汽水等等，而蔬菜水果便屬於「低升糖指數」的食物。基本上所有的水果都是低升糖指數，除了香蕉、芒果和木瓜以外；而蔬菜方面除了胡蘿蔔、玉米以外，大多是低升糖指數的醣類食物。

胰島素的分泌過多，也與心臟病、高血壓、關節炎、高膽固醇有關。高胰島素會使體內產生一種壞的類荷爾蒙——花生四烯酸（Arachidonic Acid，簡稱 AA），它會造成心臟

肌肉血管容易阻塞而導致心肌梗塞，也會使體內產生另一種壞的類荷爾蒙——血栓素 A2，屬於強烈的血管收縮物質，將使血管過度收縮而造成器官缺血的疾病，如心臟麻痺、腦血管阻塞等。

如果從小就避免「高升糖指數」的食物，等於是幫助孩子降低長大後患高血壓、動脈硬化等心血管疾病的機率。孩子的飲食既然與他們的健康有這麼大的關係，而作父母的又是孩子飲食的主要決定者，預防勝於治療，如果能事先避免給予錯誤的飲食觀念，當可避免孩子健康方面的損害，適當的飲食可改變你孩子的健康，也可改變他們的一生。

所謂升糖指數就是任何食物所含的糖，進入消化道以後進入血液的速度，以及它刺激胰島素分泌的量；進入血液循環的速度越快，刺激胰島素的分泌也越快、越多，代表的升糖指數就越高，反之則越低。舉例來說，白麵包吃進消化道以後進入身體血流，以及促進胰島素分泌的程度為 100，它的升糖指數就是 100；升糖指數在 60 以下才是適合健康的，超過 60 就不適合健康，不適合孩子使用的醣類食物應盡量少攝取。

以下我們整理各種不同含醣類食物的升糖指數列表（見第 73 頁）讓大家知道，哪一種醣類食物的升糖指數高，應該

避免，哪一些醣類食物的升糖指數低，可以多多食用。

　　首先是升糖指數非常高的，也就是高於 100 的食物有白米飯、玉米片、馬鈴薯、法國麵包、葡萄糖、西瓜；升糖指數在 80 至 100 中間的是蜂蜜、全麥麵包、甜玉米，還有甜菜根、葡萄乾、芒果、木瓜、餅乾、糕餅，以及一般的冰淇淋都屬於這一類。

　　中等升糖指數也就是在 60 至 80 中間，有養樂多、綠豆、橘子汁、鳳梨汁、梨子汁、葡萄柚汁、葡萄。升糖指數在 40 至 60 的包括所有的豆類，還有所有的水果，其中蘋果汁是屬於這一類的，另外全脂牛奶、脫脂牛奶或是低脂牛奶、乳酪、優酪都屬於這一類。非常低升糖指數的食物有各種黃豆、花生，還有水果種類中的櫻桃及梅子。

　　除了蔬果等天然醣類食物所含的糖之外，據估計，現在的孩子每個禮拜從添加人工糖的甜食中攝取了約 1 公斤的糖，孩童所喜歡吃的食物如：汽水、巧克力、糖果、果汁、冰淇淋等，都含有太多的人工糖。而過多糖的攝取所帶來的影響，便是造成孩子行為偏差、學習障礙的主要原因之一。科學家們發現，如果減少孩子食物中糖的攝取量，至少可以使 50％的學習障礙或行為偏差的孩子恢復正常。

▶高升糖指數 VS. 低升糖指數

項目	係數	項目	係數	項目	係數
海綿蛋糕	66	櫻桃	32	速食麵	67
牛角麵包	96	梅子	34	細條麵（棕色）	131
起士、披薩	86	葡萄柚	36	芋頭	73
蛋糕麵包	88	葡萄柚汁	69	地瓜	77
煎餅	98	梨子	53	馬鈴薯	67~158
甜甜圈	108	蘋果	54	甜菜根	91
鬆餅	109	蘋果汁	58	胡蘿蔔	70
吐司麵包	100	李子	55	南瓜	107
豆漿	43	桃子	60	花生	46
芬達汽水	97	橘子	63	馬鈴薯脆片	77
米麩皮	27	葡萄	66	爆米花	79
燕麥粥	70	鳳梨汁	66	玉米片	105
燕麥麩皮	78	橘子汁	74	番茄濃湯	54
速體健	97	奇異果	75	扁豆湯	63
玉米麩	107	香蕉	77	果糖	32
大麥	36	綜合水果丁罐頭	79	乳糖	65
裸麥	48	芒果	80	蜂蜜	83
米飯	54~132	杏子	82	蔗糖	92
米果	110	葡萄乾	91	葡萄糖	137
優酪乳（低脂）	20	鳳梨	94	葡萄糖錠	146
巧克力牛奶	34	西瓜	103	麥芽糖	150
全脂牛奶	39	大豆	25	龍口粉絲	37
脫脂牛奶	46	扁豆	36	米粉	83
優酪乳（低脂＋水果口味）	47	皇帝豆（綠）	42	香腸	40
優酪乳（一般）	51	冰淇淋（低脂）	71	養樂多	64
豌豆	67	冰淇淋（一般）	87	義大利麵	38

（※ 以上資料摘自 Miller & Powell 之國際升糖指數一覽表）

二、蛋白質

蛋白質是身體維持生命所需要的基本營養素。人體除了水以外，蛋白質是占最多的，占了身體組織重量的一半，包括：肌肉、皮膚、頭髮、眼睛、指甲等等，都是由蛋白質組成。

當人們攝取了蛋白質食物將被分解為胺基酸並吸收進入體內，成為細胞的主要組成構造，甚至我們的酵素系統、免疫系統主要也都是由胺基酸組成的。而組成蛋白質的 20 種胺基酸，其中有 9 種是所謂的「必需胺基酸」，因身體不能自行製造，只能不斷地透過食物攝取才不至缺乏。

而充足的蛋白質補充對於孩童更是必要，是其生長、維持細胞的修補和再生所需，也是孩子體內荷爾蒙、酵素製造所需要的基本營養素。蛋白質的不足會造成孩子生長遲緩，以及身體修補能力的減低，在 21 世紀的今天，很少開發國家的兒童飲食裡蛋白質是缺少的；相反的，幾乎所有開發國家的兒童飲食其蛋白質都是過量的。因此，很少人在談蛋白質的缺少對孩子身體的影響，而所需要注意的是：你的孩子是否攝取太多蛋白質？還有哪一種蛋白質對小孩子的發育成長最合適？

身為父母該認識的好蛋白質

蛋白質可概分為動物性和植物性兩種，動物性蛋白質如：蛋的蛋白，以及牛奶、乳酪等奶類製品都富含蛋白質。最好的動物性蛋白質是雞胸肉，因為脂肪含量較少。植物來源的蛋白質以豆類、穀類為主，各種豆類都含有豐富的蛋白質，其中又以黃豆所含的蛋白質最好，所以豆漿算是容易取得的植物性蛋白質來源，而豆腐、豆乾屬於濃縮的蛋白質。另外堅果類像核桃、葵花子等等，也含有很好的植物性蛋白質。

建議父母們為了孩子的健康和發育，從小就多給他們攝取植物性蛋白質。像我經常建議家長買一包裡面含有各種堅果和豆類的食物，讓孩子當零食吃。當然在這強調零污染的時代，很多植物卻因為農藥、殺蟲劑的污染而對身體有害。因此，如果能吃所謂有機、無毒，沒有經過任何化學污染的植物性蛋白質是最好的。

很多父母認為植物性蛋白質比動物性蛋白質差，其實這個觀念是不對的。早期科學家的研究曾發現只吃植物性蛋白質的小孩，他們不僅在肌肉身高的發育不輸於吃動物性蛋白質的孩子，體力也優於吃動物性蛋白質的孩子。世界上很多

表現優異的馬拉松選手，其實都是吃素的。

另外一個大家所關心的面向，也是為什麼有些人不願意吃肉的原因：部分畜牧養殖過程多少含有些許毒素。因為人們經常食用的牛豬雞鴨等動物的養殖過程，尤其是用來賣作肉食用的動物，它們的生長過程都有可能被打進荷爾蒙、鎮定劑、硝胺藥等對人體產生破壞性的化學藥品，進而殘留在於動物體內。

在動物性來源的蛋白質中，「魚類」是醫生和營養學家們最常建議父母給孩子攝取的動物性蛋白質。大部分以魚類為最主要食物的民族，他們的壽命與健康都比其他以動物為主要食物的民族還要長壽與健康，而且罹患高血壓、心臟病的機率也較低。

吃好的蛋白質好事會發生

蛋白質除了是身體所需要的營養素外，它對荷爾蒙分泌的影響也決定一個人是不是健康有活力。適量的蛋白質攝取能刺激體內的「升糖激素」荷爾蒙分泌，促使蛋白質在體內被分解成胺基酸後，能夠進入肌肉以及其他需要蛋白質的器官，同時也會刺激好的類花生酸的荷爾蒙分泌。

當蛋白質攝取過量的時候，過多蛋白質會被身體轉換成

▶蛋白質如何於人體內產生能量

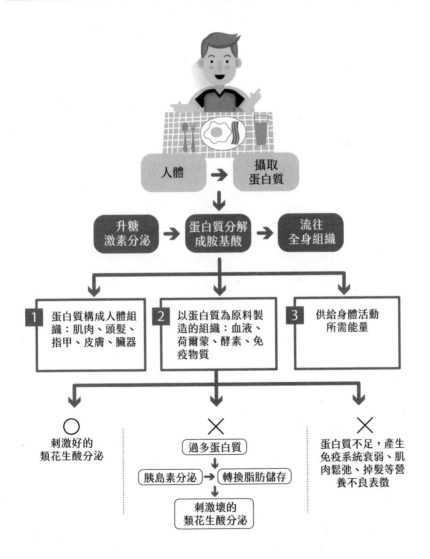

脂肪儲存起來，這時就會需要胰島素的分泌來達成這個任務。如前文所述，當胰島素分泌的時候，很容易造成壞的類花生酸這類荷爾蒙的分泌，而導致對身體健康上的損害。倘若蛋白質攝取的太少也不好，會產生一些營養不良的表徵，包括免疫系統衰弱、肌肉鬆弛，還有掉頭髮等等。當然我們前面提過不僅蛋白質的適量重要，蛋白質與醣類的攝取比例才是最重要的。以我們前面所說的，蛋白質與醣類的比例最適當是在 2：3 至 3：4，才能使身體荷爾蒙的分泌達到最適當，使健康維持在最好的狀態！

因此當你和孩子吃任何一餐的時候，計算你可能吃進去的蛋白質的量，然後吃 1.3 倍重量的醣類食物。對一些人而言，要這樣吃似乎很難，因為他們將發現所需攝取的蔬菜、水果量必須大幅增加，但如果是從小就養成這種比例的飲食習慣，保證你的孩子將健康的成長。

三、脂肪

脂肪在早期二、三十年被研究最多，它對引起高血壓、心臟病、心臟血管阻塞等等皆有關聯性，因此很多的研究都是關於脂肪的報告。回到探討脂肪對孩童的影響，脂肪製品

通常非常香，惹得每個孩子都喜歡吃，在孩子的飲食當中，它可能也是佔最多的。身體需要脂肪，但是「不對的脂肪」會嚴重影響孩子的健康。

正確攝取脂肪吃得美味又健康

原則上，脂肪分為兩類，一類是由飽和脂肪酸所組成的飽和脂肪，像動物的脂肪都是由飽和脂肪酸所組成，只有小部分的植物油是由飽和脂肪酸所組成的；而大部分的植物，包括豆類或蔬菜等等，裡面所含的脂肪是由不飽和脂肪酸所組成。

一個很容易分辨飽和脂肪與不飽和脂肪的方法是，在室溫狀態下呈現固體狀如：豬油、牛油等，或是越容易凝固的油就代表含有越多的飽和脂肪，譬如：椰子油很容易在室溫下呈現固體的狀態，雖屬於植物油的一種，卻含有92％的飽和脂肪酸，幾乎和動物油是一樣的。

而樣態屬液體，尤其是處於低溫狀態時仍是不易凝固的油，大部分是由不飽和脂肪酸所組成。植物油大部分是液體狀，也都含有少量的飽和脂肪酸，最少的是葵花油、玉米油、橄欖油，還有芝麻油、黃豆油、花生油，這些油含有7％至15％左右的飽和脂肪酸。

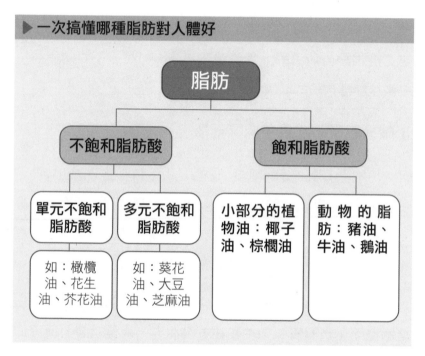

▶一次搞懂哪種脂肪對人體好

脂肪

不飽和脂肪酸 　　　　飽和脂肪酸

單元不飽和脂肪酸 　　多元不飽和脂肪酸 　　小部分的植物油：椰子油、棕櫚油 　　動物的脂肪：豬油、牛油、鵝油

如：橄欖油、花生油、芥花油 　　如：葵花油、大豆油、芝麻油

　　如今生長於開發國家的孩子，每日所吃的食物脂肪占其飲食的40％以上。早在1998年美國的醫學報導便發現，美國青少年每5位裡面就有1位患有輕微的動脈硬化，這與他們攝取了太多比例的脂肪有重大關係。科學家的研究指出，一個人攝取的食物其所含脂肪比例以20％至30％是最適當的，更重要的是應該攝取哪一類的脂肪及避免會對身體造成傷害的脂肪。

　　所有的動物油種類之中，以牛肉的油對人體的健康危害

最大，而另一種標榜植物來源做成的固體或半固體的脂肪像乳瑪琳（Margarine），其實對身體的危害也蠻大的，因為這種植物油在製造成固體或半固體的過程中，需將其脂肪酸氫化，氫化過的脂肪酸在身體內很容易產生「自由基」，進而破壞身體細胞以及染色體，造成動脈硬化、高血壓、癌症等等，對孩子的心臟、血管系統也非常不好。

近年「抑制自由基活性」成為健康熱門議題，究竟何謂「自由基」？它是人體細胞內產生能量（進行氧化作用）的過程，同時誕生「帶有一個單獨不成對的電子的原子、分子、或離子」。白話來說，就是氧在體內新陳代謝後所產生的高活性物質，當遇到細菌、黴菌、病毒侵入人體時，在清除細菌或受感染細胞的過程而產生自由基去攻擊，所以人體內必須具備一定量的自由基作為預防、抵禦疾病的武器。但是飲食、壓力、晚睡等不良的生活習慣會使自由基含量提升，一旦超量呢？

就會產生「自由基連鎖反應」，導致蛋白質、碳水化合物、脂質等細胞基本構成物質遭受氧化，造成人體功能加速器官老化、體力衰退、皮膚鬆弛、免疫力減退至逐漸損傷敗壞，甚至癌症的發生。不過，人體也具備修復功能，有一套

完整的抗氧化系統，以對抗和預防自由基的危害。所以，我們也可透過攝取具有維生素 A、C、E、番茄紅素、β-胡蘿蔔素、葉酸、兒茶素、葉黃素、花青素與黃酮類等抗氧化的食物，加上有氧運動習慣，來為平衡自由基而努力。

煮菜該用什麼油？

那麼是不是所有的植物油都對身體有益處呢？我想大部分人的回答是：「是的。」其實不然，很多植物脂肪其實對身體的破壞比動物脂肪還大。

科學家們發現不飽和脂肪酸又可分為「單元不飽和酸」和「多元不飽和酸」，當脂肪的不飽和程度越高（也就是越多元），其過氧化的可能性越高，從而越容易對人體健康不利。更進一步說明的話，當我們食用含多元不飽和脂肪酸的植物油時，其進到身體後很容易和氧結合在一起，而產生所謂的「氧化自由基」，這種自由基會造成細胞膜與細胞核裡面的染色體物質 DNA 的破壞，而產生發炎、癌症、退化性的疾病等等。

所以，諸如葵花油、玉米油、大豆油、芝麻油等植物油，看起來好像是很好的植物脂肪，只含很少比例的飽和脂肪酸，但卻含有非常多的多元不飽和脂肪酸，被認為不完全對健康

有益。而在所有的植物油最有益於健康的，應是含少量的飽和脂肪酸及少量的多元不飽和脂肪酸的油，這其中最好的就屬芥花油和橄欖油。橄欖油所含的飽和脂肪酸只有 14％，它的多元不飽和脂肪酸也只有 10％，比起葵花油、玉米油的多元不飽和脂肪酸高達 50％至 60％少了很多。（見下圖）

因此，建議希望孩子擁有一副健康身體的父母，最好煮菜時只用橄欖油、芥花油等較好的植物油。要注意的是，植物油的萃取過程如果經過高溫，也會影響植物油的品質和化學構造，而使它產生對身體的破壞性。所以在購買橄欖油或其他植物油時，選用人工而未經加熱榨取萃取的生產方式。事實證明以橄欖油當作主要脂肪來源的民族，其人們罹患心

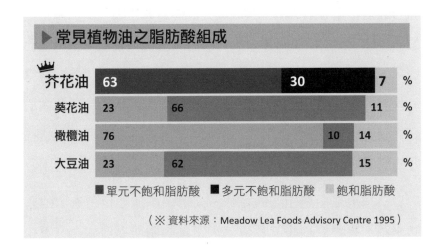

▶ 常見植物油之脂肪酸組成

	單元不飽和脂肪酸	多元不飽和脂肪酸	飽和脂肪酸	
芥花油	63	30	7	％
葵花油	23	66	11	％
橄欖油	76	10	14	％
大豆油	23	62	15	％

■ 單元不飽和脂肪酸　■ 多元不飽和脂肪酸　▨ 飽和脂肪酸

（※ 資料來源：Meadow Lea Foods Advisory Centre 1995）

臟血管疾病的比例都大大減少，於退化性疾病和癌症方面也比一般人還要少。

我相信家中料理如果只用橄欖油，可以幫助全家一起邁向健康的人生。

拒絕讓脂肪沉積血管壁

脂肪經消化道分解成脂肪酸後再被吸收入體內，而脂肪酸是合成「類花生酸」類荷爾蒙的主要成分，所以當體內吸收到好的脂肪酸時，就會在體內合成為好的類花生酸，當體內吸收到壞的脂肪酸時，即合成壞的類花生酸。以前科學家們只知道它們會沉積在血管壁上，但現在科學家們也發現，這些不好的脂肪經消化道分解成脂肪酸吸收入身體會產生很多壞的類花生酸，是造成血管收縮、動脈硬化等主要原因。反觀，如橄欖油這類好的植物油，在體內卻能產生好的類花生酸。另外，暴露於疾病的環境中，尤其是經常受到病毒感染的人，他們體內的好的脂肪酸也會降低；其次，高醣類的食物也會明顯降低這些好的脂肪酸的濃度。

孩子很難拒絕脂肪的香味，父母們不僅要慎選家中的脂肪來源，更應該從小就教導孩子正確的脂肪攝取觀念，哪些

食物是對健康有益，哪些食物對健康有害，孩子們將因此體會到父母對他們的愛。孩子的口味絕對是可以從小訓練培養起來的，習慣吃少量脂肪的孩子，長大後對高脂肪的食物也會不感興趣。相反的，從小就習慣吃脂肪食物的孩子，長大後很難拒絕脂肪食物。

重點摘要

- 人的身體需要持續地攝取到醣類食物，尤其大腦能量的唯一來源仰賴葡萄糖。

- 人的肝臟所能儲存的肝糖只有 60 至 90 克，等於兩份蛋糕，所以只要禁食超過 12 小時，便使人感到頭暈目眩。

- 長期攝取醣類太多的人，即使吃很少卡路里的食物也不容易減肥。

- 只吃植物性蛋白質的小孩，在肌肉、身高的發育不輸吃動物性蛋白質的孩子。

- 以橄欖油當作主要脂肪來源，罹患心臟血管疾病的比例比一般人還要少。

CHAPTER
6

增加
IQ 的秘訣

腦發育與營養素
的關係

腦細胞會隨著年齡增長而增加？
「小時候笨不是笨」這句話有道理嗎？
聲稱能增加 IQ 的藥，我該相信嗎？
小孩也可以吃魚油來補充 DHA ？

要充分瞭解營養素對於腦細胞發育的重要性，我們必須先探討腦神經細胞的相關生理作用。

　　一個人在出生時，其腦部細胞的數目就已經決定了，一輩子不會再增加數目。那為什麼新生兒的頭腦重約 300 至 400 公克，而成人卻能達到 1300 至 1400 公克呢？原因在於腦細胞的數目雖不再增加，但是細胞的體積是隨著年齡增長，直到 25 歲是人體腦細胞成長達極限的時候，此時腦細胞有很多突起的分枝，用以擴充它的容量。25 歲以後，突起的分枝與細胞的大小就又逐漸縮小。

腦是由上百億個細胞所組成，這些細胞我們稱之為「腦神經細胞」（Neurons）。每個腦神經細胞再由細胞膜分出很多的細枝狀突起，作為腦細胞彼此接觸以及傳遞電子訊號，或是化學反應的工廠。意即當細胞間的突起互相接觸時，會有像電線互相接觸時的微小火花出現，如此一個人才能夠思考、學習、記憶等等。

這些腦細胞也像一個微小的電腦，藉著細胞膜上的分枝接收訊號並加以處理。當腦細胞接收到訊號時會產生電波，促使腦細胞釋出傳導物質而產生對刺激的反應。由以上腦細胞的簡單介紹，大致可以瞭解藉著影響腦細胞膜的突出分枝及其活動，或是影響腦細胞間的傳遞物質，可以改變一個人的腦部功能，包括智力、情緒等方面。科學家已經證明這些腦細胞的功能與營養素的供應有很大的關係，那麼接下來我們來聊聊：有沒有藥物可增加 IQ？

你家可能也有被埋沒的天才

我有個小病人叫珍妮佛（Jennifer），初到診所來是 12 歲時。她的父母與我談起這小女孩的問題，總是不能專心讀書，記憶力差，而且很愛睡覺，自然成績不好，每回考試結果總

是班上最後幾名。這對擁有博士學位的父母來說，感到相當擔心和納悶，因為以遺傳學來說，珍妮佛的智商應該不差，看起來卻不像個聰明的孩子。所以她的父母希望我能開「增加 IQ」的藥。

我告訴他們沒有可以增加 IQ 的藥，並進一步點出珍妮佛的問題可能在於沒有攝取到腦部細胞發育所需的營養素，意思是她沒有被供應足夠腦細胞所需的營養素，以致大腦無法發揮 IQ 潛能。當時我建議他們給小女孩吃卵磷脂及酵母粉，不到 3 個月，我就接到她父母的電話，說珍妮佛的成績好多了，注意力也較過去集中，而且變得喜歡讀書了，他們問：為什麼光靠兩種營養素就可以使珍妮佛變得聰明？

我說這裡面其實沒有什麼大學問，只是這些營養食品含有供應腦部發育所需的營養素而已。這就是因為營養素的攝取不足，而被埋沒或壓抑小孩 IQ 基因潛能的例子，這種現象普遍存在，很多天才因此被埋沒了。

掌握 6 歲前的腦部營養補充

其實一個孩子腦部細胞的發育從受精卵開始，自小小的

胚胎就與營養素的供應足夠與否,有很重要的關連。小孩的腦部發育是一生中速度最快的時候,尤其是從出生到 6 歲,所需要的營養素是大人的 2 至 5 倍。在這段腦部快速發育的時期,如果能夠補充足夠的營養素,將對孩子一生中腦部的發育,特別是智力方面產生絕對性的影響。

關心孩子智力發育的父母不可不重視,除了注重教育環境外,供應孩子腦細胞所需的營養素才更為重要。很多書讀不好的孩子,被父母視為是孩子本身頭腦不夠好、IQ 不高,請家教補習但進步仍然有限,孩子對於自己頭腦總是不靈光也很無奈,不是記不住功課,就是無法瞭解老師所教授的內容。其實只要能夠補充小孩腦部發育所需的營養素,相信很多孩子於智力方面的潛能就會發揮出來。

以下列舉 3 項對於增加小孩智力發育有幫助的營養素。

卵磷脂

卵磷脂(Lecithin)之所以是小孩腦部細胞發育充分不可缺少的營養素,是因為卵磷脂所含的膽鹼(Choline)及維生素 B_8,此兩種成分是養成腦部細胞的一種傳遞物質——乙醯膽鹼(Acetyl Choline)的主要來源。而乙醯膽鹼這個神經傳

導物質是腦細胞互相傳遞並增加活力的重要物質，當腦部有充足的乙醯膽鹼傳導物質，將使孩子在各方面的智力發育更完全。

科學家們發現記憶力好、功課好、思考力好、創造力佳的小孩，他們體內的膽鹼濃度都很高。而膽鹼和維生素 B_8 也是少數能夠直接由消化道吸收，進入人體血液，並通過腦血管屏障而直達腦部的營養素。當處於發育期的孩子面臨到升學壓力，加強卵磷脂的補充將可以大大提升其智力方面的表現。另外科學家也發現，血液中膽鹼和維生素 B_8 濃度高的小孩，他們對於壓力較能適應，比較不會暴躁、發怒或發脾氣，且較有樂觀進取的態度。未來藉著酒精或毒品來麻醉自己的機率也小很多。

卵磷脂還有另一個好處是可以降低膽固醇的濃度，具有幫助膽固醇乳化的特性，使膽固醇分解為較小的顆粒而能在肝臟裡被代謝出去。同時，卵磷脂還能使沉積在動脈壁上的脂肪分解剝落，降低動脈硬化或血管阻塞的機率。

蛋黃或動物的器官，如：肝臟、腦、胃、心臟，以及綠色蔬菜和豆類等，都是可以攝取到卵磷脂的來源。只是動物內臟不建議給小孩吃，因此綠色蔬菜及豆類是最好的卵磷脂

來源。倘若孩童無法從一般食物中攝取到足夠的卵磷脂，可在家中廚房擺上一瓶卵磷脂粉，把它當作孩子每天飲食所需，就如同醬油、鹽等調味料般，可以隨時將卵磷脂粉加在各種食物。卵磷脂分有粉狀及粒狀兩種，呈淡黃色，味道很香，吃起來有點像乳酪一樣，通常孩子對卵磷脂粉的接受度高，你將會發現它對孩子的發育及成長有非常大的益處。

DHA

另外一種對小孩子的腦部及眼睛非常重要的營養素是DHA，全名是「Docosa Hexaneoice Acid」，是人體必須脂肪酸。這種脂肪酸是腦部細胞及眼部視網膜構成的主要成分，不僅如此，也是神經系統細胞的重要組成成分。如果還是無法感受它的重要性，給你一個數據：腦有 60％是由脂肪酸組成，而 DHA 是其中最多的脂肪酸。

科學家們發現人類腦部細胞從懷孕的最後 3 個月開始，到出生，到年老時發育及維持正常功能，DHA 都是過程中所必需的營養素。研究顯示，低濃度的 DHA 與記憶力的喪失、判斷力和思考能力的降低，視網膜的發育不全，還有神經系統方面的疾病有很大的關係。面對懷孕的婦女，你的婦產科

醫師也可能會鼓勵孕婦攝取足夠的 DHA，尤其懷孕後期的 3 個月，因為此時是胎兒腦細胞發育最快速的階段，母體的 DHA 經胎盤血液進入胎兒腦部，供應胎兒的腦細胞發育。

因此如果是早產兒，尤其提早 1 至 2 個月出生的孩子，因為沒有完全接受母體最後 3 個月供應的 DHA，相較之下，他們的腦部發育會不如足月產的嬰兒。美國的約翰霍普金斯大學的法蘭克・奧斯基博士（Dr. Frank Oski），是一位非常著名的小兒腦部發育權威專家，也是世界衛生組織的小兒科醫師，在他 1990 年發表的報告指出，早產兒如果餵母奶或是餵含 DHA 的牛奶超過 6 個月，其 IQ 會比餵普通牛奶的早產兒高 8 到 10。該研究也發現，足月出生的孩子如果在出生的前 6 個月補充足夠的 DHA，他們長大成人後的 IQ 會比沒有補充 DHA 的孩子高出 7 到 9。因著這項研究的問世，現在世界各地包括歐洲、澳洲及日本等，都在嬰兒奶粉裡加了 DHA。因為到目前為止，大部分的孩子還是無法從牛奶甚至母奶中，攝取到足夠發揮他們腦部基因潛能所需的 DHA。

如果要孩子腦部及眼睛的發育達到基因潛能，我建議給孩子們補充含 DHA 的營養品，像是蛋、紅肉、魚及動物內臟都含有 DHA，其中又以深海魚所含的魚油量最多。可是呢，

1 歲以內的小孩不大可能吃這些食物，雖然市面上的保健食品專賣店有販售魚油，也是大多數人補充 DHA 的主要來源，但是小孩子不會吞魚油膠囊。有些父母選擇用針刺破膠囊將魚油滴在牛奶或食物裡給孩子吃，只是魚油不免有一股腥味，其次是魚油成分中的另一種脂肪酸 EPA 會減緩孩子的發育，所以從魚油攝取 DHA 對小孩來說是不適合的。現在最好的是由海藻所提煉出來的植物性 DHA，在乾淨的水池裡培植海藻，由此提煉出來的海藻純度最好，沒有污染也最安全。市面上已有海藻 DHA 粉的相關產品，適合父母們加進牛奶、果汁或食物。

　　DHA 不僅可以幫助孩子腦部的發展，對眼睛的發育也非常好。在升學壓力日益增加的今天，孩子的視力問題一直是醫生們非常關注的面向，因為近視的孩童越來越多，視網膜有問題的人也不在少數。補充足夠的 DHA 可以確保孩子在發育的過程中擁有較佳的視力，也可避免日後眼睛的快速老化。DHA 沒有毒性，也沒有副作用，一般小孩每天可服用 50 至 200 毫克，根據年齡而決定，最好先諮詢小兒科醫生或營養師再使用。

胺基酸

腦細胞有多種神經傳導物質，其中的某些傳遞物質（Neurotransmitter）的合成是需要依靠某種胺基酸（Amines Acids），因此胺基酸的足夠或彼此間的平衡與否，和腦細胞發揮功能有很大的關係。

再者，胺基酸也與腦部的控制情緒，以及智力的發育有很大的關係。在 20 種胺基酸當中，以苯丙氨酸（Phenylalanine，簡稱 Phe 或 F）最為常見也最重要，可從牛肉、雞肉、蛋、牛奶以及黃豆攝取。它是合成神經傳導物質——正腎上腺素（Norepineplrrine）的物質，而正腎上腺素與學習力、記憶力有高度關連性。當它的濃度降低時，小孩子的學習與記憶力會顯著下降。

而麩醯胺酸（Glutanine）是另一個對腦部細胞發育非常有影響的胺基酸，存在於小麥，可攝取自小麥製麵包、小麥飯，以增加孩子的智力與認知能力。

重點摘要

- 出生時腦部細胞的數目就已經決定，但 25 歲前都可以為腦細胞的成長而努力。
- 卵磷脂可幫助膽固醇分解為較小的顆粒，而能在肝臟裡被代謝出去，也能避免造成動脈硬化或血管阻塞。
- 想要孩子擁有好視力，可補充 DHA 作為保健之道，但事前請諮詢醫師建議用量。
- 孩子的腦部發育關鍵期是孕期後 3 個月到 6 歲以前。
- 家中備有卵磷脂粉、海藻 DHA 粉和雞蛋，就能輕鬆幫助孩子提升學習力。

CHAPTER

7

培養高 EQ 兒

情緒控制與營養素的關係

改變少年犯的飲食，就能降低犯罪率？
嬰兒時期頭髮稀疏，長大後會改善嗎？
孩子總喊哪裡痛卻找不出病因？
出現強烈負面情緒，能跟小孩講道理？

我曾經與一些醫師、營養學家及犯罪專家研究過青少年的犯罪問題，在過去的 15 年，開發國家的青少年犯罪率顯著地增加，而青少年的情緒問題包括憂鬱、自殺等，以及暴力傾向日趨嚴重。我們瞭解到的青少年犯，超過 2 / 3 的人有不同程度的營養素缺乏，超過 70％的人從小就被認為是好動兒，60％的人對於糖類的攝取過量。

少年監獄裡的少年犯，經過教育及感化後有 30％不會再犯罪，但是當這些少年犯被指導從飲食中除掉那些所謂的「垃圾食物」，包括汽水、糖果等，並進一步補充維生素、礦物

質等營養素後，他們不再犯罪的機會高達 80％。這說明了小孩情緒的問題與飲食、營養素的足夠與否有直接且重要的關連性。

就生理學而言，人體掌管情緒的中樞有兩個部位，一是位於大腦皮質，屬於理性控制中心，一個人能保持穩定的情緒，控制脾氣，維持愉快心情的中樞在此。另一地方位於腦幹的一條帶狀的位置，醫學上稱為「邊緣系統」（Limbic System），是掌管個人的負面情緒，包括憤怒、沮喪、暴躁、飢餓、性衝動等的地方。

一個大人透過經驗、學習和教育來加強理性控制中心，因此會有理智；而負面情緒中心，在非常情況下，如血糖太低（飢餓時）、睡眠不足、受感情的刺激，遭遇心理障礙時才會表現出來。對小孩來說，他的理性控制中心尚未成熟，故而負面情緒中心往往表現強烈，因為他們還是小孩，所以大人能瞭解與體諒。但是一個值得大家瞭解的生理現象是，小孩的情緒中樞與飲食的分配，以及包括維生素、礦物質等營養素的攝取足夠與否，有很大的關係。

當孩子的理性控制中心的細胞缺乏營養素時，將不能正常發揮功能，此時腦幹的負面情緒中心將主管情緒，而使小

孩子有負面的情緒表現。這也可以解釋為什麼情緒不穩、好動、脾氣不好的小孩，一旦補充足夠的維生素 B 群或鈣時，他們的情緒狀況能有所改變的原因。另外要注意的是，有些營養素缺乏的孩子雖然沒有太多負面的情緒問題，但是他們常被父母或老師形容為「忘了把腦袋帶到學校」，這些孩子缺乏學習的興趣，注意力不集中，常常坐著發呆，老師或父母教的一下子就忘了。

當然，每個孩子對於營養素缺乏所引起的情緒反應程度不一，有些孩子雖處於飲食不當、營養缺乏的狀態，仍不至於有情緒問題，這卻是少數。

α 與 β 的腦內革命

頭髮，是最容易反應出一個孩子身體裡的礦物質濃度。根據美國哈佛大學的實驗發現，好動或行為異常的孩子，其頭髮裡的營養素嚴重缺乏鈣和鎂。研究人員也觀察到，這群缺鈣和缺鎂的孩子都會有一種習慣性的動作，像是抓耳朵、眨眼皮、抓背，或是睡覺時在床上轉來轉去、抓頭髮、吃手指、腳不停的動來動去等等的肢體動作；而且鈣和鎂嚴重缺乏的孩子，他們的肢體動作越明顯。

在醫學院裡，我們被教導這些肢體動作的產生是因為孩子缺乏安全感，所以如果把他們的手指或奶嘴拿掉，孩子就會哭，這在醫學被稱為「門檻理論」（Gate Theory）。這個理論是說，當感官器的耳朵、眼睛、鼻子及肌肉、消化器官等接受到刺激，並透過神經傳遞物質進入大腦後會產生兩種波，一種是 α（Alpha）波，我們稱為「舒服的波」，譬如被擁抱、吃到喜歡的食物、聽到安慰的話，在一個人的大腦皮質都會產生 α 波。

另一種是 β（Beta）波，屬於「不舒服的波」，包括承受脹氣、飢餓、被罵的刺激時，大腦便會產生 β 波。當刺激太多或太強時，也會使舒服的波變為不舒服的波。每個人都想讓大腦多產生 α 波而能感到舒服，所以成人會藉著抽菸、冥想、禱告、吃東西或慢跑等行為，使大腦多產生舒服的波，這也是曾經流行一時的「腦內革命理論」。但小孩是不懂得這樣做的，只能藉著吃手指、抓頭髮、咬指甲的肢體動作，傳達給大腦一個「安全感」的訊息以產生舒服的 α 波。

科學家們也發現，腦內革命的思想改變與身體行為的產生，與細胞是否有足夠的營養素有絕對的關係。當一個小孩營養缺乏時，過濾不舒服的 β 波刺激的功能會降低，因此只

要受到一點點刺激，便會產生不舒服的反應。加上小孩根本不能體會大人所說的「改變思想」，也不知如何改變。因此對小孩來說，要讓他們的行為、思想往好的方面發展，最主要的作法就是補充足夠的營養素。

搞懂孩子的情緒問題

小孩的情緒發育從一出生起，就與營養素的足夠與否有絕對的關係，甚至母親在懷孕時有沒有攝取到足夠的營養素，也直接影響到孩子出生以後的情緒變化，尤其是 1 歲前。詳

案例剖析｜每天得吃 5 顆止痛藥的年輕人

有一位 20 歲的病人經常抱怨這裡痛、那裡不舒服，從他有記憶以來，就覺得全身不同部位每天都痛，長期依靠服用止痛藥來解決問題，到 20 歲時，已經是每天要吃 5 顆止痛藥的狀態。

第一次見到他時，我對這位年輕人的判斷是腦部應該經常產生 β 波，才會使他持續產生不舒服、痛的感覺，並建議他每天大量的攝取維生素 C 和維生素 B 群，並每星期一次給予鈣的注射。4 星期後，他告訴我，他從來沒有感到如此舒服過，痛的感覺不再。從小他的父母、醫生、兄弟姐妹都懷疑這位年輕人是心理有問題，才會經常感到疼痛，這個負面的影響一直留在他心裡。

細說明，請參考第 12 章〈從懷孕開始計畫孩子的健康〉。在這裡我要提醒初為人父母或家裡有孩子小於 3 歲的父母，請特別注意你的孩子在營養素的攝取是否足夠，很多心理學家已經發現，孩子 3 歲前的情緒發育，將大大地影響到長大以後人格的發育。

有天，一對夫婦帶著他們 1 歲半的孩子來到診所，當下我馬上觀察到這對父母的神情非常疲憊。一問之下才知道，他們很高興盼望多年的孩子來到世上，但孩子自出生以來就睡得非常不好，自然也影響到這對夫婦的睡眠品質。出生後的前 6 個月，晚上總是睡 1、2 個小時就哭鬧，媽媽半夜要起來好幾次哄騙孩子，餵他喝牛奶、抱坐在椅子上，不然就是抱著孩子走來走去，好讓孩子停止哭鬧；6 個月後，孩子稍微睡得比較好一點，但仍然睡得不深沉，甚至白天的時候也不太喜歡睡覺，有時看起來很累很想睡覺卻又睡不著。

對此，這對父母為孩子憂心，也感到困擾且疲累不已。期間他們看了很多醫生，接受到各種建議，包括換牛奶，開一些讓孩子不脹氣、不哭鬧的藥等，始終沒辦法讓孩子安穩一覺到天亮。在一次廣播節目中他們聽到我的談話，因此來到診所。我仔細檢查，發覺這孩子長得還蠻結實、可愛，只

是就像父母所描述的狀況一樣，很煩躁、愛哭。

當時我沒有開任何藥，只是建議這對父母在孩子每天早上的牛奶裡加入 1c.c. 的液體鈣，晚上的牛奶則添加 1 茶匙的酵母鈣粉。不到 1 個禮拜的時間，這個孩子已經可以睡得深沉，而且白天也不再那麼容易哭鬧。這對父母感到如釋重負，簡直不敢相信，一點點鈣和酵母粉可以幫助他們的孩子睡得那麼安穩。

從醫以來，我經常遇到很多為了小孩的睡眠、情緒等問題來求助的父母。大部分的時候，這些父母已找過很多醫生，問題還是無法獲得解決，只好等待：看孩子哪一天能自己好起來。一旦為人父母，對生活與睡眠品質的付出與犧牲，間接造成今日很多年輕夫婦不敢生孩子，因為他們覺得照顧孩子太累了。其實只要補充一些營養素，很多小孩都可以擁有穩定情緒而且很好帶的。

以下介紹 3 種與小孩情緒較有關聯性的營養素。

維生素 B

維生素 B 與情緒的關係似乎是最為大家所知曉，攝取維生素 B 群有助於孩子的睡眠穩定、脾氣變得溫順。過去曾有

專家將維生素 B 群加以分析，想進一步瞭解是維生素 B_1、B_2、B_3、B_6 或 B_{12} 中的哪一種，對小孩的情緒有特別影響。其實諸多臨床經驗顯示，不建議小孩只服用特定一種的維生素 B，要補充維生素 B 就吃維生素 B 群，從 B_1 到 B_{12} 一起食用，因為它們彼此的配合才能產生最大效果。

維生素 B 藉著影響腦部細胞的生化反應，包括酵素的合成與分泌，甚至神經傳導物質的分泌等等，進而影響一個孩子的情緒。富含維生素 B 群的天然食物包括酵母粉、花粉及海藻，也是最常被用來補充維生素 B 群的天然營養補充品，其他如蛋、乳酪、綠色蔬菜的葉子、動物的肝臟，還有牛奶的成分當中也都含有豐富的維生素 B 群。可惜的是，大部分的食物在烹調過程，容易使食物成分裡的維生素 B 流失掉。

鈣

有些礦物質對穩定小孩的情緒，尤其是睡眠方面非常有幫助，這包括鈣，還有鋅、鎂等，其中又以鈣的影響最大。鈣有穩定情緒的作用，讓兒童的腦部細胞不至於過度興奮。鈣攝取足夠的孩子，他們的睡眠與情緒狀態往往比較穩定。很多孩子對鈣的缺乏特別敏感，只要一點點的鈣缺乏，就容易造成他們好動、睡眠品質差、情緒不穩定的現象。

案例剖析 | 好動的傑克讓人頭痛不已

我有個看著長大的小病人叫傑克（Jack），父母是高科技人員，家境甚好，孩子也長得白白壯壯，看起來十分健康。初見面時，不過才 3 歲就讓父母頭痛不已，非常好動，沒有一刻能靜下來，教他什麼都不肯學，晚上也睡得不安穩。

在我行醫多年的經驗中，幾乎每 5 位兒童裡就有一對父母抱怨他們的孩子太頑皮、好動、不聽話、惹麻煩，問我是不是要看心理醫生或有沒有藥物可改善狀況，因為這些父母被所謂的好動兒整得已經快受不了了，而且同樣的問題越來越普遍。

在我詳細詢問家長這孩子平日的飲食狀況，才發現傑克只吃肉類和脂肪製品，雖然長得肌肉結實，但實在只有蛋白質足夠而已，情緒與腦部發育所需的營養素，尤其是維生素 B 群想必是十分缺乏。

我只開了張寫著：酵母粉、天然花粉 1 天各 1 匙的處方箋，而傑克的父母帶著懷疑的眼神離開診療室。兩個月後，我收到傑克父母寄給我的一份禮物，他們很高興孩子終於不再是令人頭痛的「好動兒」了。為什麼呢？答案很簡單，酵母粉和花粉裡的豐富維生素 B 群，是幫助好動兒情緒穩定的主要原因。

色胺酸

色胺酸（Tryptophan）存在於雞肉、蛋、牛奶以及黃豆等食物，具有穩定小孩情緒的作用。這種胺基酸藉著影響腦部細胞分泌的一種化學物質——血清素（Serotonin），使兒童的腦部細胞穩定，讓他們晚上睡得好。另外，孩子的飲食內容對於情緒也存有重大影響，特別是好吃甜食的孩子，他們的情緒經常變化很大。其他像是含色素的食物如：糖果，帶刺激性或含咖啡因的飲料如：可樂、咖啡、茶，都應避免讓兒童食用。

重點摘要

- 大人可透過學習加強理性控制中心，但小孩的理性控制中心尚未成熟，負面情緒中心往往會表現得較強烈。
- 小孩的情緒發育從一出生起，就與營養素的足夠與否有絕對的關係，尤其是 1 歲前。
- 孩子 3 歲前的情緒發育，將大大地影響到長大後人格的發育。
- 每 5 位兒童裡就有一對父母抱怨他們的孩子好動，不妨補充維生素會有意想不到的效果。
- 對鈣缺乏特別敏感的孩子，只要稍微攝取不足，便反映於好動行為。

CHAPTER
8

父母可以
是最好的
家庭醫師

過敏引起的氣喘，孩子長大後自然會好？
小孩不睡覺是因為吃錯東西？
我兒子被學校視為過動兒，該去看醫生嗎？
孩子老喊頭痛，會不會是逃避上學的藉口？
半夜驚醒，是孩子白天的焦慮而引發惡夢？

讀到這裡，相信你已經很清楚營養素對孩子的遺傳基因、IQ、EQ 的影響關聯性。在孩子的成長過程，如果父母或醫生們能更清楚的瞭解導致兒童的身體、心理以及情緒不正常的原因時，相信每個人都可以成長得更健康、更快樂，並且充分發揮他們各方面的潛能。很多父母直覺的知道孩子什麼時候餓了？什麼時候睏了？什麼時候累了？或是什麼時候需要愛？什麼時候病了？但對孩子的肢體語言，我覺得父母應有更敏感的瞭解。

從病怎麼治到為什麼會生病

很多時候孩子的一些異常行為，其實是在提醒父母：我需要幫助。

我們不可能住在孩子的身體裡面，也不可能感受他們的感受，但是我們能從他們的肢體行為察覺孩子可能有問題。可惜的是，當家長帶著孩子尋求醫師的幫助時，往往沒法得到所需要的協助。現在的醫學教育教醫生如何診斷疾病、治療疾病，而忽略了為什麼會產生疾病，大家幾乎都忘了要從「為什麼生病？」來解決疾病。

人們把生病視為是必經的過程，就如同孩子一年發生1、2次中耳炎被認為是正常的一樣。孩子如果生病或行為異常，我們很直覺的只想到：有什麼藥可以治療？但是和我一樣對疾病為什麼產生的原因有進一步研究的醫生，往往會發現孩子的各種常見症狀，如抵抗力差、感冒、氣喘、過動、過敏、好吃甜食、偏食、睡不好、睡太多、喜歡咬手指頭等，藉由補充足夠的營養就能得到很大的幫助。以下將透過行醫過程的孩子常見八大問題來做進一步說明。

常見問題 1 │ 被認為很難根治的小兒氣喘

我有一個小病人雷蒙（Raymond），幾乎定期因氣喘發作被帶回到我的診所，而他的父母總是一臉疲憊樣貌。在氣喘發作的初期，這對父母便瞭解到氣喘是因過敏的體質所引起，只能接受這個事實並期望未來有更好的藥物被研發出來，或是等孩子長大以後有可能病情自然好轉。

面對家中有過敏兒的父母，每當他們問我：「難道沒有其它方法可以避免或根治孩子氣喘的問題嗎？」我都覺得蠻難為情的。據瞭解，為了雷蒙，他們家裡準備有各種治療氣喘的藥物，包括支氣管擴張劑、類固醇，甚至還有呼吸治療的機器。即便如此，幾乎每兩個禮拜還是需要到診所藉著打針控制氣喘。

一直到我研究了營養與疾病的關係。有天，我建議雷蒙的父母買一罐維生素 C 加鋅的粉和一罐酵母粉，每天把它們加在牛奶或果汁裡給孩子喝。就這樣，有好一陣子都沒再見雷蒙到診所報到，正感到納悶時，這對父母帶著他來注射預防針。

一問之下，令人驚奇的是這個孩子不再像以前那樣老是

很累的樣子，已然是一個健康活潑的孩子了。他的父母告訴我，自從在孩子的飲料裡加入維生素 C、鋅粉和酵母粉之後，氣喘居然不再發作了。尤其是在感冒症狀將要出現時再多吃些，也有助於緩解症狀。

常見問題 2 │ 新生兒為何睡不好

另有一個小病人，從出生後晚上都睡不好，每隔 2 小時就醒來，不是要喝牛奶，就是哭鬧。

年輕的父母被這位千呼萬盼而來的寶貝，整得身心俱疲，夫妻倆也常為了半夜是否起來抱哭鬧的孩子而起爭執。儘管看過許多醫生，但所得到的答案都是：

「可能對牛奶過敏，要換牛奶。」

「對家裡環境不適應。」

「可能被寵壞，抱慣了。」

後來他們輾轉被介紹到診所來，我建議他們給孩子補充鈣，尤其是晚上睡前的那一次牛奶裡加入鈣粉。兩星期後這個孩子在夜晚已經可以熟睡，不再哭鬧。

常見問題 3 ｜他是被學校視為過動兒的孩子

　　還有一些小病人，被父母或親戚朋友視為過動兒，他們經常被父母罵：「安靜點！」「你怎麼這麼壞、這麼皮？」在親戚朋友面前也常受到責備。

　　導致這些孩子可能從小就對自己失去信心，因為他們是父母及親戚朋友眼中難以管教的壞孩子。有的甚至於要去看精神科醫師，服用抗過動的藥物（最常見的是 Ritalin，被廣泛應用於注意力不足過動症的治療，是一種可以抑制中樞神經的藥）。但很多孩子因此變得學習能力低落，無法在學校與社會上和正常小孩子競爭。

　　在我行醫多年的經驗中，不知有多少次因建議父母們給孩子服用豐富維生素 B 群的食品及營養品，而改善了這些好動兒的毛病。

常見問題 4 ｜孩子食慾不振怎麼辦

　　孩子食慾不好，不想吃東西，父母想盡辦法，試著買最好的食物、改變飲食、吃補品等，卻怎麼都無法引起孩子的食慾。這是現代孩子常見的問題，也是我的小兒科診所裡常

見的病例。

　　我有一個小病人薇琪（Vicky），5 歲時媽媽帶著她來找我，「李醫師，我這個孩子就是沒食慾，常常吃兩口東西就不吃了，也不會餓，好像不吃東西也可以活下去一樣。」

　　詳細瞭解狀況後，才知道這位媽媽已經試過所有方法，試圖引起孩子的食慾，卻都無效。我告訴這位著急的母親：「妳去買酵母菌粉給孩子吃。」不到一個月，這位媽媽很高興的到診所來告訴我，從這個孩子會講話開始，3 年來她第一次聽到薇琪說：「我餓了！」。

常見問題 5 ｜總是討要吃甜食

　　有些孩子情緒變化很大的原因是血糖變化太大，他們在吃過食物或甜食後血糖很快的升高，但是 2 小時後血糖又快速的降低。此時小孩會變得暴躁，無法安靜，甚至大發脾氣等，而且會很想要吃甜食，直到吃些甜食或其他食物才會感到舒服。很多父母不明白箇中緣由，因而責怪孩子，其實這是他們的血糖反應不正常所導致。

　　為什麼血糖會反應不正常？原因可能是缺乏維生素 B 群，因此只要補充足夠的維生素 B 群，這些孩子就不會再因血糖

太低而有情緒變化和嗜吃甜食的習慣了。再者，維生素 B 群的功效可使腸子裡的消化酵素活力增加，進而幫助腸道對食物的吸收，增加活力。

所以針對血糖不穩定的孩子，我常會建議父母為孩子補充酵母粉（Brewers Yeast），因為它含有非常高濃度的維生素 B 群。另外，當孩子非常飢餓而想要吃甜食時，不妨給孩子一些堅果類的食物取而代之。因為堅果所含的醣是複合醣，且含有豐富的維生素 B 群。

很多父母在接受我的建議執行 2 至 3 週後，會很高興的告訴我，孩子不再像以前那麼嗜吃甜食，脾氣也較穩定了。

常見問題 6 ｜孩子老喊頭痛是在說謊嗎

也有些孩子有經常性頭痛的問題，令很多父母擔心是否腦部長腫瘤？在找不到其他原因的狀況下，醫生通常會建議做電腦斷層攝影以瞭解腦部有無異樣。然而，幾乎每個孩子的腦部斷層掃描結果都顯示正常，但孩子依舊抱怨頭痛，嚴重者甚至無法上學。

醫生一般會開止痛藥給孩子吃，但這並不能解決頭痛的問題。其實這些孩子大部分是屬於「胰島素敏感型」的人，

因而在進食後，胰島素很快的大量釋出，以至於血糖快速降低而導致頭痛。這時只要給孩子吃一些含有天然糖分的食物，如蔬菜、水果或堅果等，很快的頭痛就會得到解決。最重要的是，避免讓孩子持續接觸糖果、巧克力及果汁等升糖指數高的甜食。

常見問題 7 ｜孩子只喝牛奶其他食物一口都不碰

還有部分父母因為孩子只喝牛奶，不喜歡吃其他東西來求診，要我幫助他們的孩子對其他食物有胃口。經常我給他們的答案是「這是因為缺鈣所引起」。多數父母聽到答案後自然感到疑惑：為什麼喝那麼多牛奶還會缺鈣？

事實上，缺鈣的孩子會特別喜歡喝牛奶，因為牛奶所含的鈣使他們感到舒服。因此對一個整天喜歡喝牛奶的孩子，應該給他補充鈣，當體內的鈣需求夠了，就不會那麼喜歡喝牛奶，對其他食物也會有胃口。

有的小孩晚上睡不著或是不能睡得熟，常是因為他們的身體缺鈣所導致。因為孩子對於缺鈣比大人更敏感，有些孩子只缺一點鈣就睡不好。此時若能補充足夠鈣質食物（參見第 121 頁），就能使情緒穩定而安睡。

有些孩子抱怨晚上睡覺時關節痛或小腿肌肉痠痛，有的甚至會感到胸部疼痛，很多父母會誤以為是受了傷或什麼疾病引起，事實上這也可能是孩子在成長過程中，隨著骨骼肌肉成長快速，但鈣的補充不足，導致肌肉、關節引起痠痛。只要補充鈣，這些症狀很快就會消失。

常見問題 8 ｜ 小朋友皮膚過敏好不了

一般新生兒皮膚比較薄，很容易受到外因就產生輕微紅腫、紅屁屁。但無論大人或孩童的皮膚過敏通常是很難根治的病症，因為引起過敏的原因很多，可能是對貼身衣物或尿布材質引起的接觸性皮膚炎，又或是飲食誘發的皮膚過敏，也可能是陽光性皮膚炎……，但如果是免疫失調、父母遺傳的體質問題，便需要時間和耐心治療與調理，千萬不要隨意拿成藥使用於孩童身上。

選購孩童衣物應以棉麻材質為主之外，在幼兒飲食方面對於第一次接觸到的食物應以單一且少量開始，比較容易找出可能誘發過敏的食物來源。針對眾所周知的過敏原如：蛋奶、帶殼海鮮、花生、芋頭，應盡量避免年紀太小時就開始食用。如果上述原因皆一一排除的話，極有可能是孩童體內

▶ 來認識鈣質含量豐富的食物吧

食物名稱	鈣質含量	食物名稱	鈣質含量	食物名稱	鈣質含量
小魚乾	2213	吻仔魚	349	刀豆	190
條仔魚乾	1700	金針	340	芥菜	180
蝦米	1438	海藻	311	花菜	157
小蝦米	1381	蘿蔔	320	蕃薯葉	153
黑芝麻	1241	莧菜	300	蒲燒鰻	151
蝦米	1075	高麗菜乾	300	蛤蜊	151
魚脯	966	豆皮	280	海帶	146
紫菜	850	蜆仔	269	五香豆乾	143
旗魚丸	807	黑豆	260	香菇	125
條仔魚	689	豆腐乳	231	雞蛋黃	124
蝦丸	650	牡蠣乾	218	羊乳	124
金鉤蝦	628	豆豉	217	黃豆乾	120
花枝羹	610	黃豆	216	葡萄乾	113
枝豆	535	枸杞	213	杏仁	110
白芝麻	440	木耳	207	小白菜	107

缺少了某些營養素，不妨補充有預防皮膚疾病功能的維生素B6。如果是正值青春期、有青春痘及面皰困擾的青少年，則建議補充對皮膚有益的酵母粉。

小孩不睡覺是因為吃錯東西

　　孩子打從出生後的睡眠問題，總是相當令父母頭痛，也是很多父母無法解決的困擾。有回當地電台邀請我上節目談「小孩的睡眠問題」，接著幾天，無數的父母打電話到診所求助，提出的問題不外乎是「我的孩子到半夜還不睡覺，怎麼辦？」「如何能使孩子整晚安眠？」，很多父母甚至要我開適合小朋友的安眠藥，希望透過藥物來改變自家孩子的睡眠習慣。

孩子睡不好背後的警訊

　　很多睡眠品質差的孩子，在睡覺時會有幾個狀況：很難入睡，不然就是睡得不安穩，睡 1、2 小時便醒過來；有些睡得很淺，整夜翻來翻去，甚至掉下床、起來走路，或是半夜受驚嚇而醒來；有的雖然睡得很熟，卻會尿床。大部分好動的孩子至少會有以上其中一種的睡眠問題，父母要知道關於

自己孩子的一個事實是當睡眠有問題時，其實意味著他們的身體正在發出警告：有某種缺乏需要被補充或滿足。

　　一個小孩如果半夜突然醒來，尖叫、心跳加速、冒冷汗、瞳孔放大，我們常認為他可能是做惡夢，而起因是由於白天有一些得不到紓解的焦慮，孩子的情緒無法發洩，然後引起腎上腺素過度分泌，當其體內的腎上腺素濃度過高時，會在半夜有上述的情形發生。但是很多相關研究已經指出，小孩的睡眠問題不一定與白天的情緒困擾有關係。

睡前吃甜食影響體內機制

　　科學家們發現孩子如果晚上吃了太多精緻甜食，也將影響睡眠品質。回顧我在第 5 章〈認識三大營養物質與其生理功能〉就會瞭解，原因在於這些精緻糖進入身體裡，很快的使血糖急速上升，促使身體快速的分泌大量降低血糖的荷爾蒙──胰島素，這是人體的一種自然平衡機制。但有時過量的胰島素反而造成血糖過低，當血糖太低時，腎上腺素就會分泌出來，進而促使肝臟釋出肝糖，以讓血液中的血糖保持在正常範圍之內。

　　這種腎上腺素的過度分泌，很容易造成孩子半夜受驚的

現象。當父母找不出孩子白天有壓力的原因，與其問這些孩子有關精神壓力問題，不如進一步瞭解「孩子今天吃了什麼」，你可能會意外發現孩子可能晚上在外頭背著爸媽偷吃了很多冰淇淋、汽水。

哪些營養素可幫助孩子好眠

晚上睡不好的孩子，也可能表示他缺少一些營養素。科學家們發現腦部的某些化學物質與睡眠品質有很大的關係，這些物質被稱為「睡眠化學物質」。建議補充以下四大類營養素食物：

1. **鈣或鋅。**缺鈣或鋅的孩子會有睡眠問題，鈣有穩定腦神經的作用，食用含大量鈣及鎂的食物有助於睡眠。
2. **維生素 B_3 和 B_6。**補充這兩種維生素，將使腦部釋出讓孩子睡得好的化學物質，如：色胺酸。
3. **酵母鈣粉。**這是一種含豐富 B 群維生素的酵母粉加上鈣的產品，能使孩子從此睡得很安穩。
4. **卵磷脂。**卵磷脂含有的膽鹼，也對睡眠大有幫助。

很多父母在孩子的睡眠改善後，會來告訴我：「他不再那麼調皮」「他也不再打人」「他不那麼喜歡耍脾氣了」。

的確，孩子一旦睡得好，你會發現他們白天的情緒以及行為跟著轉變，因為睡眠與行為是相互的。對父母來說，孩子的睡眠、行為得到改善時，那真的是比任何的珍寶來得珍貴。

重點摘要

- 有氣喘病史或顯現感冒症狀時，為孩子補充維生素 C、鋅粉和酵母粉 3 種營養素，有助於緩解症狀。
- 新生兒無法睡過夜常哭鬧，在睡前的那次牛奶加入鈣粉，將能一夜好眠。
- 不愛吃東西自然發育緩慢，試試補充酵母菌粉，孩子的食慾可能會好轉。
- 小朋友總是情緒暴躁、注意力不集中，加上愛吃甜食，其實是血糖反應不正常。
- 有經常性頭痛問題的小孩，可能是胰島素敏感型體質。

CHAPTER

9

用維生素
激發基因
潛能最高點

大部分孩子所攝取的營養素都是不足的？
新鮮蔬果的維生素 C 含量和罐頭食物幾乎一樣？
何時該為孩子補充維生素與礦物質？
多少量的維生素能激發基因潛能到達最高點？
只要是維生素，對人體只有好處沒有壞處？

維生素與礦物質是孩子生理與心理發育完全所必需的營養素，就像需要父母的愛才能完全成長一樣。維生素與礦物質對骨骼、血液的容量、體力、神經系統、血液循環、肌肉等等的發育都非常有關係，一旦攝取不足，可以想像孩子的發育到成熟過程將會有某種程度的損失。

孩子體內的
營養素其實嚴重不足

根據美國食品健康部的研究，幾乎沒有一個孩童可以單

單從飲食中攝取到足夠發揮基因潛能所需的維生素與礦物質。根據科學家的研究，已開發國家包括美國、歐洲、日本、台灣的嬰兒，於出生後的第一年，無法單純只從母奶、牛奶或嬰兒副食品中，攝取到足夠發揮其基因潛能所需的維生素與礦物質，連美國最知名的嬰兒牛奶，如嬰兒美（Enfamil）、新美力（Simiilac）所含的營養素，也比嬰兒發育到基因潛能所需的少了一半以上。因此，如何讓孩子攝取到足夠的維生素與礦物質，是為人父母需要瞭解的。接下來我將協助家長們認識維生素與礦物質的作用，以及如何選擇和補充。

維生素，顧名思義是維持生命所需的一種微量物質，它也是一群有相同功能的有機化學物質，無法由身體製造，必須從食物攝取。維生素以微小的量存在於各種食物，某些維生素可以經由腸子裡的細菌製造而吸收。比較特別的是維生素 D 除了能從食物攝取外，人體內大部分的維生素 D 是經由陽光照射皮膚而合成，一天只要暴露在陽光下 10 分鐘，人體自身即可合成足夠的維生素 D_3。

每一種維生素都有它獨特的作用，沒有一種維生素可以由另一種維生素取代。大部分的維生素在身體的酵素系統裡擔任重要角色，酵素系統就好像汽車引擎的火星塞一樣，是

身體產生能量與動力的導火線，而維生素是酵素的組成成分，如果缺少維生素，則產生能量與動力來源的酵素就會降低。人體運作過程每使用一次酵素即消耗一些維生素，所以需要每天補充足夠的維生素。反觀孩童的酵素系統特別發達，自然需要更多的維生素因應身體運作，以使酵素系統發揮最大功能。

父母期望孩子能藉由均衡飲食攝取到足夠的營養素，可惜的是食物的精緻以及儲存、製造過程，嚴重破壞了食物本身所含的營養素，加上土地的重複種植，生長出來的蔬菜水果所含營養素已經大不如前。以我們身處的時代進程而言，光仰賴從食物攝取到足夠的營養素是有困難的，舉例來說，現在的蘋果含鐵量是 30 年前的 1 ／ 10 而已，為什麼？因為種植蘋果的土地經重複使用，使土壤裡的礦物質嚴重缺乏，所以如果你想透過吃蘋果攝取到和 30 年前同樣的鐵質量，現在恐怕需要吃 10 顆蘋果才足夠。

1998 年的美國農業部研究報告也發現，超級市場裡看起來非常新鮮的蔬菜維生素 C 含量，竟然與罐頭食物幾乎一樣。我們知道罐頭食物所含的維生素 C 已經非常非常的少，而今的新鮮蔬菜卻和它們的含量一樣！原因在於從產地收割經包

裝配送上架超市，這中間為了讓蔬菜保持新鮮需要經過冷藏等各環節的處理過程，而往往嚴重破壞了蔬果的營養素含量。再加上烹飪過程的熱加工，勢必加速食物營養素的流失，因此額外補充維生素與礦物質有其必要性。不過，更重要的是父母與醫生們該知道孩子所吃的食物是哪些，以此來決定他們需要補充哪種維生素或礦物質。

何時該為孩子
補充維生素與礦物質

剛出生第一年的嬰孩，發育非常快，從只能躺著喝奶，到能控制頭部的轉動、能坐能走、用手拿奶瓶、抓食物吃等，這段成長過程中供給的牛奶、母乳或 4 個月後的嬰兒副食品，是提供孩子快速成長與發育的營養基礎，將大大影響日後體力、智力、情緒的發展。

一般嬰兒牛奶及 4 個月後所吃的副食品，擁有足夠的蛋白質、脂肪和醣類，有助於孩童身高、體重增長，但卻沒有足夠的維生素和礦物質，這將阻礙很多細胞功能無法發揮到很好的程度，包括腦部的發展、體力、智力、抵抗力等。就我的醫學經驗，幼兒必需服用超過每天建議量 3 至 5 倍的維

生素，才能使其發育達到身體基因潛能的最高點，而不是吃市面上低濃度維生素保健品。即便 1 歲以後的孩子已經開始吃一般的食物，仍應透過額外補充維生素和礦物質滿足身體所需，即使是青少年也一樣。

維生素對身體的功用在過去 20 年有很大的突破。以前認為維生素只是維持身體健康不可或缺的一種營養素而已，現在則證實還有許多其他的作用，如：保護心臟、維護血管，以及具有抗氧化作用使身體細胞不受自由基的破壞等等，有些維生素則有增強身體的抵抗力，能預防感冒，治療氣喘、支氣管發炎，以及使孩子的 IQ 提高等作用。

很多維生素缺乏引起的症狀和某些疾病引起的症狀相似，因此當孩子出現某種症狀時，父母可多加留心是不是缺乏某種維生素或礦物質所造成。比如我常看到小孩長疹子，大部分的父母以為是孩子對某類衣服材質或食物過敏，但其實可能是體內缺少鋅而引起。

另外，像是缺乏維生素 B_1 可能造成嬰兒的肌肉鬆軟，沒有力量。缺乏維生素 B_{12} 則可能有脹氣、消化不好的現象，而維生素 A 的缺乏會使小孩眼皮下方腫腫黑黑的。如有指甲龜裂的情形，可能是缺乏維生素 B_2 或鈣。要是孩子愛哭、愛鬧

又找不出原因，可能與缺乏維生素 B_6 有關。孩子食慾不振，體重過輕，試試補充維生素 B_3（Niacin，又稱菸鹼酸）。鐵與維生素 E 的缺乏，會造成孩子的貧血。當然這只是其中一些例子而已。

哪些孩子迫切需要補充維生素與礦物質

　　人體缺少維生素或礦物質所引起的疾病或症狀，往往不是短時間內會顯現出來，有時要經過好幾年，當體內的維生素與礦物質過低，嚴重影響身體機能運作，症狀才出現，但為時已晚。預防勝於治療，因此我經常提倡要及早給孩子充足的維生素與礦物質，這裡也提醒有以下 4 種症狀的孩子應立即關注他們是否是因缺乏維生素與礦物質所造成：

● **症狀一**：經常嘔吐的孩子。雖然平常吃的東西多，但不明原因經常吐出來，等於是沒有吸收到足夠的維生素和礦物質。

● **症狀二**：經常生病，或是發育太快。這類孩子可能吃的卡路里相當足夠，但仍然沒吸收到應有的維生素和礦物質。

● **症狀三**：經常脹氣、排便不順的孩子，他們在消化吸收方

面也不會太好，以至影響維生素與礦物質的吸收。

● **症狀四**：不愛吃肉或攝取的食物中缺少脂肪。這類孩子可能是近乎吃素的狀況，必然需要補充維生素與礦物質，尤其是脂溶性的維生素，因有些維生素需要靠脂肪來吸收。

如何選擇所需補充的維生素與礦物質

那麼應該買什麼種類的維生素呢？天然的或是化學合成的，哪種好？

所謂天然維生素，是指存在於大自然生物，從動、植物裡被單獨提煉出來的；而化學合成的維生素，指的是由實驗室製造與天然維生素的化學構造相同的化學原料合成維生素。照理說，兩者之間在身體裡的作用應該是一樣，實際上卻有一些不同。

以同樣的維生素論之，若吃化學合成的維生素，對某些體質會造成腸胃不適的情況，吸收也較差。假設服用超過標準劑量的化學合成維生素，亦會於體內產生毒性。這是因為化學合成的維生素原本是粉狀，為了使它成為液體狀或可咀

嚼，往往加了很多糖或其他添加物，尤其是黏劑使其成為顆粒狀，其中的人工添加物對孩子並不好，且會影響維生素的吸收。因此父母在為孩子購買保健品時，要看清楚保健食品罐裝上的成分說明，有些添加物可能是造成孩子感到煩躁、消化不良、好動、行為異常的原因。也就是說，這類維生素的壞處比好處還多，故儘可能選購天然的維生素為宜。

相對而言，天然的維生素即使吃得再多，也不會在體內造成破壞作用。因其大部分是由植物所提煉，而且為了能提煉出天然的維生素需要大量食物，比如要提煉出 1 公斤的維生素 C，需要準備 1 千公斤的橘子，不僅量大昂貴，加上提煉技術的成本費用，自然於售價方面是化學合成維生素的百倍之上，因此幾乎很難在市面上找到天然的維生素。所以要讓孩子攝取到天然的維生素，我會建議最好是食用含高濃度維生素的食物，例如需要攝取維生素 B，最好的方式是吃酵母粉，因其組成含有豐富的天然維生素 B 群。另外適合孩童服用的包括小麥苗、小麥胚芽、花粉或海藻類所磨成的粉，這些沒有任何人工色素或添加物的天然食品，都含有非常豐富的維生素、礦物質、蛋白質及胺基酸等。

除此之外，單一維生素攝取的效果，遠不如與其他維生

素或礦物質一起攝取，其產生的功效會是較好的。一般的孩子無法咀嚼或吞入的維生素藥丸，不妨找找方便 2 歲以內兒童服用的液體維生素滴劑，但購買時要注意成分標示，看看該溶劑是否加了太多的糖或人工甘味劑。

某些維生素滴劑加進牛奶時會附著在奶瓶上，所以可能實際上孩子只吃到一半的量。比較建議的作法是將滴劑加入少量的果汁裡用湯匙餵，或與果汁一起加入奶瓶變成果汁牛奶，因為維生素與果汁加在一起，比較不容易附著在奶瓶上。而當孩子開始吃罐頭的嬰兒食品時，就可加在嬰兒食品中一起餵食。

針對挑選礦物質保健食品方面，最好是選有螯合（Chelation）過的。所謂的螯合，是指在礦物質外面加上一層胺基酸，使其較容易為人體吸收。一般的礦物質以原來型態在腸胃道裡的吸收率只有 2％至 10％，而經過螯合的礦物質，則可增加 3 至 4 倍的消化及吸收度。

重點摘要

- 新生兒無法只從母奶、牛奶或副食品，攝取到足夠發揮其基因潛能所需的維生素與礦物質。

- 一天暴露在陽光下 10 分鐘，人體即可合成足夠的維生素 D。

- 孩童的酵素系統特別發達，自然需要更多的維生素因應身體需求。

- 攝取單一維生素的功效，遠不如與其他維生素或礦物質一起綜合攝取。

- 選對礦物質可增加 3 至 4 倍的消化及吸收度。

CHAPTER
10

一次搞懂
發育所需
營養素分析

我的孩子多年來受氣喘所苦，該補充什麼營養素？
想給孩子補充保健品，但是該怎麼挑選呢？
每到晚上總是容易看不清楚，可以補充什麼改善？
聽說孕吐嚴重的媽媽，嬰兒的營養素會不足？

上一章我談了很多為什麼該為孩童從小強化維生素與礦物質的攝取，目的在為父母們建構一個完整的營養素補充與挑選的全貌。

　　接下來要進一步針對 15 種營養素做攝取及注意事項的介紹，從維生素 A 到 E，還有鈣鋅鐵鎂等礦物質，以及幾個你其實也不太熟悉的營養素。希望家長們在為孩子選購這幾類營養素時，能多注意成分標示和所含的添加物，才能確保買到的保健食品是最好、最適合的。

維生素 A
——孩子視力的最佳盟友

維生 A 對孩子的健康帶來很多幫助，是視力維護的好盟友，尤其是有弱視問題或晚上容易看不清楚的孩子，透過維生素 A 的補充將可獲得改善。其次，對於促進生長、強壯骨骼，還有頭髮生長、皮膚牙齒以及牙齦的發育，維生素 A 都扮演很重要的角色，所以部分外敷皮膚藥也含有維生素 A，用以治療青春痘、膿瘡或皮膚的潰爛問題。

維生素 A 屬於脂溶性維生素，意思是說，要消化道能夠吸收食物本身所含的維生素 A，需要有油脂協助，因此如果吃的是脂溶性保健食品，會建議飯後補充比較好。如果沒有攝取脂肪食物，是很難把維生素 A 吸收進去。

值得父母留意的是，維生素 A 的脂溶性特性，使其很容易儲存於身體的脂肪細胞，所以不需要每天補充。也因為如此，攝取太多的維生素 A 會儲存囤積於身體之中，而造成「維生素 A 過多症」引起顱內壓力增加、頭暈、噁心、頭痛、肌膚刺激、骨骼與關節疼痛、昏迷，甚至是中毒。

維生素 A 的先驅物質為 β - 胡蘿蔔素（Beta Carotene），

攝取後在體內變成維生素 A；β - 胡蘿蔔素存在於植物和動物皆有，比維生素 A 只存在於動物身上來的容易攝取。β - 胡蘿蔔素的動物來源有動物肝臟、蛋黃、牛奶、乳酪，植物來源則有綠色植物、胡蘿蔔、地瓜還有哈密瓜等。所以很多營養學家會建議攝取 β - 胡蘿蔔素而不是攝取維生素 A。

▶ 維生素 A ｜ 孩童每日基本攝取量

　　維生素 A 是以國際單位（IU）為衡量單位，1 國際單位等於 0.3 微克的維生素 A，或者等於 0.6 微克的 β - 胡蘿蔔素。維生素 A 的需要量隨著年齡的不同而異，但是如果期望孩子的身體健康達到基因潛能，則需將下圖的各年齡階段建議量再乘以 3 到 4 倍的量，1 天只要不超過 15000 國際單位即可，便不會造成維生素 A 過多症候群。

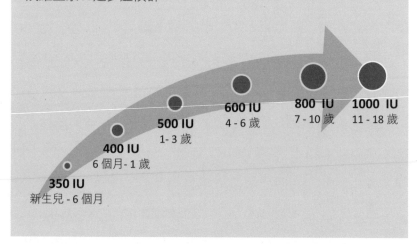

1000 IU
11 - 18 歲

800 IU
7 - 10 歲

600 IU
4 - 6 歲

500 IU
1 - 3 歲

400 IU
6 個月 - 1 歲

350 IU
新生兒 - 6 個月

維生素 B₁
——穩定情緒好幫手

維生素 B_1 又稱硫胺素（Thiamine），如同其他維生素 B 屬於水溶性，意思是說你攝取太多的時候，它會由身體排泄出去，而不會儲存在身體裡面，和屬於脂溶性的維生素 A 不同，也因為需要每天補充。維生素 B_1 在小孩發育的過程中，尤其是有壓

▶維生素 B₁ | 孩童每日基本攝取量

下圖是維生素 B_1 每天最少攝取量，以避免維生素 B_1 缺少引起的疾病，但是你如果希望孩子的健康達到充分發揮基因潛能，則需要增加補充建議量的 3 到 5 倍。維生素 B_1 屬水溶性，故很少因為攝取過多而引起疾病。

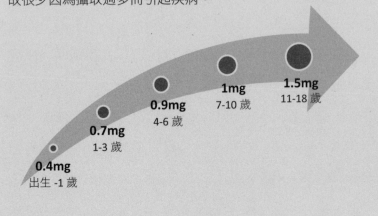

0.4mg
出生 -1 歲

0.7mg
1-3 歲

0.9mg
4-6 歲

1mg
7-10 歲

1.5mg
11-18 歲

力、情緒緊張等問題或是生病、開刀時，需求量會增加，因為這些情形會使身體需要更多的維生素 B_1。維生素 B_1 同時具有促進食慾，幫助消化的效用，尤其是對醣類食物的消化。它也有助於心臟功能、穩定神經系統，以及促進孩子的注意力。

維生素 B_1 與其他的維生素 B 群一起攝取，效力會強一點。食物內的維生素 B_1 成分容易因為烹調受熱，或是於食物的儲存過程而流失。含維生素 B_1 的食物有穀類、動物的肝臟與肉，還有花生，大部分的蔬菜及牛奶也含有很多的維生素 B_1。

維生素 B_2
——壓力大時必備良藥

維生素 B_2，英文名為「Riboflavin」，也是水溶性的維生素，在身體運作機制下會排泄出去，所以大量攝取時尿液會呈現黃色。在孩子感到壓力大時，可多多補充這種維生素。此外，它具有促進生長的功效，譬如幫助頭髮、皮膚以及指甲的生成，能消除眼睛疲勞，修復舌頭、嘴唇、或是嘴巴黏膜的容易破裂和潰瘍問題。

維生素 B_2 是所有維生素 B 群當中，小孩最容易缺乏的。

▶維生素 B₂ | 孩童每日基本攝取量

　　同樣的，遵循每日維生素 B₂ 基本攝取量，能避免引起維生素 B₂ 缺乏症候群，但是如以達到基因潛能發揮為目的，需要提高 3 到 5 倍的服用量。

1.8mg
11-18 歲

1.3mg
7-10 歲

1.1mg
4-6 歲

0.8mg
1-3 歲

0.5mg
6 個月 -1 歲

0.4mg
出生 -6 個月

　　它雖然不容易被高溫或酸性物質所破壞，但容易溶解於水中，所以如果把食物泡在水裡或煮湯時，其所含的維生素 B₂ 很容易就在過程裡消失了。含有維生素 B₂ 存在的食物有動物內臟、牛奶、乳酪，還有綠色植物的葉子。

維生素 B₆
——製作紅血球高手

維生素 B_6 同樣是水溶性維生素，容易因長時間的儲存，或是在食物的其他處理過程，如製作成罐頭而流失。其對人體的效益在於促使身體產生抗體，同時是製造紅血球，以及幫助維生素 B_{12} 被腸胃道吸收所需的一種維生素。

如果孩子是搭任一交通工具都容易感到噁心嘔吐的體質，或有經常性的腳抽筋問題，可能與缺乏維生素 B_6 有關，不妨適度攝取肉類、魚類、貝類海鮮、青菜與哈密瓜等。此外，維生素 B_6 還具有穩定神經、預防皮膚疾病的功能，它也是天然的利尿劑喔。

維生素 B₁₂
——沉默的維生素

維生素 B_{12} 為 B 群維生素之一，是一種含鈷的複雜有機化合物，同樣屬水溶性，外觀為紅色，故也被稱為紅色維生素，需要與鈣一起吸收進身體。

▶ 維生素 B₆ │ 孩童每日基本攝取量

　　維生素 B₆ 的攝取除應以下圖為基準之外，建議家長們給予孩子補充基本攝取量的 5 至 10 倍以使孩子的基因潛能獲得充分發揮。

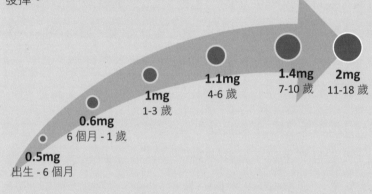

0.5mg
出生 - 6 個月

0.6mg
6 個月 - 1 歲

1mg
1-3 歲

1.1mg
4-6 歲

1.4mg
7-10 歲

2mg
11-18 歲

▶ 維生素 B₁₂ │ 孩童每日基本攝取量

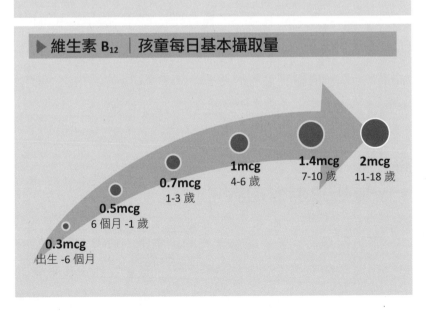

0.3mcg
出生 -6 個月

0.5mcg
6 個月 -1 歲

0.7mcg
1-3 歲

1mcg
4-6 歲

1.4mcg
7-10 歲

2mcg
11-18 歲

維生素 B_{12} 的缺乏可能要歷經 5 年的時間才會出現症狀，主要造成貧血與神經方面的問題，表現的症狀如：變得疲憊、容易頭暈、怕冷，以及手腳的麻木感、記憶力下降、容易被激怒、注意力難以集中；簡而言之，其行為表現會與過去明顯不同，易出現焦慮、抑鬱的情緒障礙。如果一個孩子的甲狀腺功能有問題，會使維生素 B_{12} 的吸收減少；同樣的，維生素 B_{12} 也會受太陽光還有食物儲存過程的破壞。

而其對孩子的健康能帶來哪些幫助呢？維生素 B_{12} 可以促進一個孩子的生長，增加食慾，增進孩子的記憶力、注意力以及平衡。它也與維生素 B_6 一樣是促進紅血球的形成和再生，以避免貧血的重要成分之一。針對吸收方面，維生素 B_{12} 能幫助蛋白質、脂肪、醣類被身體所利用並產生能量，對於孩子維持神經系統的穩定也有助益。含維生素 B_{12} 的食物也與維生素 B_6 一樣。

維生素 C
——呼吸道弱者的救星

維生素 C 是人們普遍會補充的維生素。最被大家認識的是它預防各種病毒或細菌感染的能力，孩童又比大人更容易

受到各種病毒的侵襲，要避免成為醫師診所的常客，每天補充足夠的維生素 C 是絕對必要的。大多數父母也都知道它有預防感冒及增強抵抗力的作用，甚或是在小孩出現感冒或氣管發炎徵兆就給孩子補充。維生素 C 同時也是孩童成長時，組織細胞生長修補和骨頭、軟骨及結締組織中膠原蛋白（Collagen）合成的主要成分。

孩子在成長發育階段需要大量的維生素 C，尤其是生活在各種壓力的情況下，不管是來自學業壓力或是身體情緒層面的壓力，都易使得孩子體內的維生素 C 快速消耗。因為當人們面臨到包括心理與生理的壓力，此時維生素 C 很容易被身體的酵素系統用掉，因此需補充更多的維生素 C，對一個正值發育的孩子更是不可或缺。

醫師家中廚房必備的「健康調味料」

維生素 C 早在 30 年前就由兩次諾貝爾獎得主萊納斯・鮑林博士（Dr. Linus Panlin）所發表名為《維生素 C 及流行性感冒》的書中證實，與感冒及抵抗力差有很大的關係。當開始有感冒症狀時，於孩童喝的果汁飲料裡加入 100 至 500 毫克維生素 C 粉，根據年齡大小調整使用劑量，很容易就可以

緩解感冒的症狀產生或是縮短感冒的時間。

東方人喜歡在感冒時喝薑湯、川貝枇杷膏等，但我家廚房必備的「健康調味料」是維生素 C 粉，在感冒流行的季節裡，它幫助我的孩子過得健康快樂，沒有缺課過。根據經驗，孩子感冒時補充維生素 C 粉，尤其是加上礦物質鋅，往往就能帶來意想不到的效果。所以，我總是建議那些常患感冒的孩子多多補充維生素 C，有照做的父母之後帶孩子來看病的次數明顯減少了。

維生素 C 對有呼吸道過敏史的孩子也非常有效，可避免過敏反應時身體所釋出的組織胺（Histamine）刺激所造成的不適。每每在診間遇到為氣喘所苦的孩子，我會建議父母們給予維生素 C 及鋅粉，一段時間後，他們氣喘發作的次數會越來越少。

蔬果的維生素 C 正在流失

然而科學家們發現，人們很難從每日飲食當中就攝取到足夠發揮基因潛能所需的維生素 C 含量，因為如果光靠仰賴食物攝取，每天至少要吃 20 顆橘子才能攝取到足夠身體所需的維生素 C，這幾乎是不可能的任務。其次要瞭解的是：維

生素 C 屬水溶性且不耐熱，科學家發現蔬菜一旦放在熱鍋裡烹煮，將近 50% 至 80% 的維生素 C 會被破壞。因此煮菜時，水越少，溫度越低，時間越短越好。蒸的蔬菜尤其容易破壞維生素 C，而放在溫水中稍微川燙的反而好些。

一般都認為柑橘類含有最多的維生素 C，其實芽菜類如苜蓿、豆類也含有豐富的維生素 C，相同重量的豆芽所含維生素 C 是橘子的 6 倍，想不到吧。其他蔬菜如甘藍菜、捲心菜、青椒、菠菜、花椰菜，也比橘子含有更多的維生素 C，還有草莓、木瓜的維生素 C 含量亦不低。有個簡單的分辨方法是，越甜的水果和較硬的水果，有此兩種特質的維生素 C 含量越多。經過碰撞或是已被切分開的水果，其維生素 C 會大大減少，最好馬上吃完，否則維生素 C 在空氣中也很容易消失掉。

我在上一章曾討論過 1998 年美國農業部的研究報告，發現維生素 C 在水果或蔬菜的含量，依據新鮮程度以及儲存方式有很大的差別，加上土壤耗竭問題，如今超市或是傳統市場攤商架上的蔬果，其維生素 C 含量僅有農場採收時的 1 / 10 而已。因此要從蔬果中攝取到充足的維生素 C 越來越不容易，故而生技公司研發出大量的維生素 C 健康食品，甚

至有口嚼片及粉狀的選擇。如果是要給孩童服用，以粉狀維生素 C 為佳，沒有黏著劑的問題。

維生素 C 屬酸性，對腸胃有刺激性，但現在出產有「無

▶ 維生素 C ｜ 孩童每日基本攝取量

一般而言，依照下表補充維生素 C，就可大大降低因為維生素 C 缺少所引起的疾病。只是如果希望孩子的基因潛能被激發，至少需要增加 10 至 20 倍的劑量，我建議每日攝取量達 250 至 500 毫克；若以治療或避免感冒病毒為目的，服用量可提高到 500 至 1000 毫克。

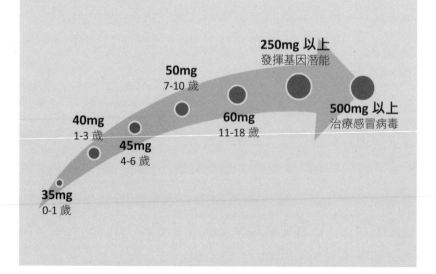

250mg 以上
發揮基因潛能

50mg
7-10 歲

500mg 以上
治療感冒病毒

40mg
1-3 歲

60mg
11-18 歲

45mg
4-6 歲

35mg
0-1 歲

酸維生素 C」（Ester-C），意指在維生素 C 外面加上一層
胺基酸，不僅不會產生酸性也較易吸收。這個概念等同於前
文曾建議，在挑選礦物質保健食品方面，最好是選有螯合
（Chelation）過的意思一樣。服用高量的維生素 C 雖對身體
沒有壞處，但其對腸胃的刺激作用，仍可能使腸胃敏感者有
輕微的腹瀉狀況。

維生素 D
——曬太陽就能吸收

維生素 D 屬脂溶性維生素，具儲存於身體的機制，因此
不需要每天補充。它對孩子健康的影響可藉著與體內的鈣和
磷作用，促進孩子於骨骼及牙齒的發育；與維生素 A、C 一
起攝取時，能降低感冒機率。在治療結膜炎方面亦具成效。
雖然維生素 D 對人體不可或缺，但攝取過量一樣會造成身體
的損害。

維生素 D 有一特殊之處：不僅能從食物攝取得到，經由
太陽光的紫外線照射在皮膚也可以產生維生素 D，然後為身
體所吸收。因此在空氣污染嚴重的地方，太陽光於皮膚產生
維生素 D 的作用將會大大降低；還有一例外狀況是，如果小

孩的皮膚曾因日曬而脫皮，脫皮處的皮膚就不會再產生維生素 D。如果曬太陽的機會較少也不用擔心，自然界中含有維生素 D 的食物很多，包括魚油、蛋黃、乳類製品，還有魚類像沙丁魚、鮭魚等。

▶ 維生素 D ｜ 孩童每日基本攝取量

一般我們不建議給孩子一天超過 1000 國際單位（IU）的維生素 D，假設一天攝取超過 30,000 國際單位的維生素 D，很可能於體內產生毒性，表現出的中毒現象會有經常口渴、眼睛痠痛、皮膚發癢，而且經常想小便。

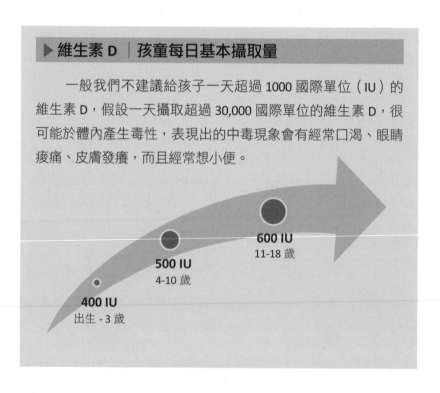

600 IU
11-18 歲

500 IU
4-10 歲

400 IU
出生 - 3 歲

維生素 E
——很好的抗氧化劑

維生素 E 也屬脂溶性維生素，由化學物質生育酚（Tocopherol）組成，還進一步分為 α、β、γ、δ 等等。不像其他的脂溶性維生素，維生素 E 在身體儲存的時間比較短，不容易累積在體內造成中毒現象。對一個孩童來說，體內的維

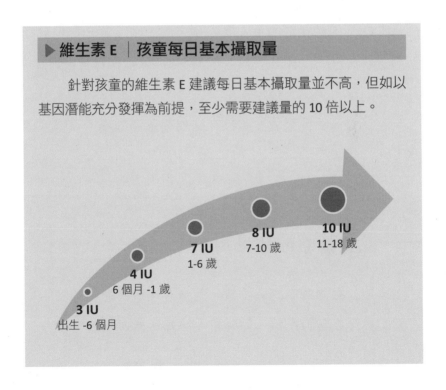

▶ **維生素 E** ｜ **孩童每日基本攝取量**

針對孩童的維生素 E 建議每日基本攝取量並不高，但如以基因潛能充分發揮為前提，至少需要建議量的 10 倍以上。

3 IU
出生 -6 個月

4 IU
6 個月 -1 歲

7 IU
1-6 歲

8 IU
7-10 歲

10 IU
11-18 歲

生素E有60%至70%都是由糞便排泄出去。

　　維生素E是很好的抗氧化劑，尤其可避免身體裡面的脂肪被氧化而產生自由基，同時預防自由基對細胞的破壞。它也是能量的來源，對於經常感到疲倦的孩子，適度補充維生素E可以幫助他們比較有足夠的體力。當皮膚受到外傷時，局部敷用含維生素E的藥品能減少疤痕的產生，口服進體內也能有類似的效果。同理可證，如果不小心燙傷了，補充維生素E將加速燙傷的癒合。對小孩來說，維生素E也是很好的利尿以及抗凝固維生素。很多植物油成分都含有維生素E，其他如菠菜、黃豆、雞蛋都是維生素E含量高的食物，但它也很容易經高溫烹調或冷藏儲存過程而遭到破壞，須特別留意。

鈣
──從小就應補充足夠

　　鈣是人體內最多的礦物質，大多存在於骨頭與牙齒中，是骨骼與牙齒發育所需，同時是心臟規則跳動的重要成分，另外神經的反射也與鈣有很大的關係。

　　鈣質的缺乏將使孩童睡不好（失眠、晚上覺得睏但又睡不著）、皮膚容易瘀血、眼皮眨不停、肌肉抽痛、牙齒長得慢、晚上頭部冒汗等，並會嚴重影響孩子骨骼肌肉以及身高的發育。科學家發現，青春期前後的青少年如果沒有補充足夠的鈣，將會影響他們長大成人後骨質疏鬆的程度。那些中年尤其是女性患有骨質疏鬆症者，大多是與青春期沒有攝取到足夠的鈣質有關係。在我的經驗中，用鈣幫助了很多小孩，從出生的嬰兒到高中生，解決了很多父母甚至一般醫師沒辦法解決的問題。

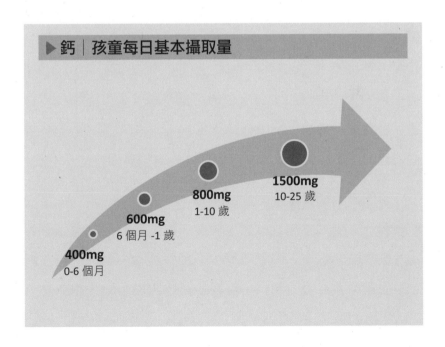

▶ 鈣 ｜ 孩童每日基本攝取量

1500mg
10-25 歲

800mg
1-10 歲

600mg
6 個月 -1 歲

400mg
0-6 個月

事實上，鈣的缺乏對孩童來說是非常普遍的問題，大多數已開發國家有超過 2 / 3 的孩子，沒有從食物中攝取到每天所建議的鈣量。如果有壓力或運動較少的孩子，他們的身體將會比一般同年齡小孩流失更多的鈣。鈣的補充需要從小就開始，儘管小兒營養學家建議父母們藉著食物供應孩子足夠的鈣，但是大部分的孩子還是沒有吸收到足夠的鈣。

阻礙鈣質吸收的幾個因素

目前牛奶似乎是鈣的主要來源。其他含鈣的食物包括起司、大豆，魚類如鮭魚與沙丁魚、花生、葵花子、綠色蔬菜、豆腐、芝麻子、杏仁等。其中，一杯 250c.c. 低脂牛奶含 280 毫克鈣，全脂與低脂牛奶所含的鈣量是一樣的；而杏仁所含的鈣是同樣重量的牛奶所含鈣量的 10 倍。但要注意的是，杏仁所含的鈣是在它的殼上，因此要吃沒有剝殼的杏仁。

有些情形也會降低鈣的吸收：

● **狀況一**：喝大量速食飲料。可樂、汽水等氣泡飲料因含有大量的磷，會使鈣的吸收減少。細胞的活力與鈣、磷在體內的比例有很大的關係，最好的鈣磷比為 2：1，但可樂、汽水中的鈣磷比例是 1：20。

- **狀況二：**綠色蔬菜與含鈣的食物一起吃，也會使鈣的吸收減少。因綠色食物裡的草酸（Oxalic Acid）會與鈣形成草酸鈣（Calcium Oxalate），再由腸子排泄出去，所以人家常說菠菜和豆腐不要同時出現在餐桌上。

- **狀況三：**大家比較不知道的是咖啡、巧克力、茶等食物也含草酸，所以喝拿鐵、奶茶、巧克力牛奶會降低牛奶所含鈣質被腸子吸收的機會。

- **狀況四：**高脂肪及高蛋白的食物與鈣同時食用時，也會使鈣的吸收減少。

應以身體症狀判斷是否缺鈣

為了維持「血中鈣濃度」的平衡，人體的骨骼會隨時釋出鈣到血液之中，因此不能以血中鈣濃度多寡來判定孩子是否缺鈣，應該是以身體的症狀來判斷。譬如當孩子過度喜好喝牛奶或是偏好吃含鈣多的食物，往往是體內缺鈣而影響對飲食的偏好，因為當他們吃含鈣食物會覺得舒服。

在我的看診經驗，小兒科病人從出生到 1 歲，最常見的情形是晚上睡不好，尤其是每到晚上就經常哭鬧。父母一般都認為可能是消化不好或脹氣，拼命地給孩子補充幫助消化

▶ 身體缺鈣的典型症狀

晚上頭部冒汗
即使穿得不多，孩子起床後枕頭是濕的，而且容易掉頭髮。

碰撞後容易瘀青
輕微碰撞，皮膚就浮現青一塊紫一塊，很多時候連孩子自己也沒注意到。5 歲到初中以前，經常晚上會腳抽筋、感到疼痛，或是關節有聲音。

睡覺容易尿床
好發於 4、5 歲的孩童，伴隨睡不好、做惡夢等現象。

眼睛眨個不停
這個症狀會讓很多父母以為是孩子眼睛有問題，其實是早期缺鈣的現象所引起。

的健康食品或藥品。

仔細探究的話，你會發現這些小病人的母親，多數在孕期承受了嚴重孕吐，母體缺乏營養加上鈣的流失，胎兒從母體吸收到的營養自然有限。針對這類孩童，我會利用一些高鈣的液體滴液提供協助，很快的不到 2、3 個禮拜，孩子就可以睡得安穩，而且白天時的情緒變得穩定，父母親也跟著能擁有好的睡眠品質。

本書談了不少孩子因缺鈣而睡不好的案例，除此之外，

還有其他身體缺鈣的現象是容易被父母所忽視（見左頁表），甚或誤以為是其他原因。在這裡要提醒大家，當你給孩子補充鈣粉時，最好與酵母粉一起服用，因為酵母粉含有的維生素 B 群能與鈣配合作用，相得益彰之下，對小孩的情緒與神經發育很有幫助。

我看過很多好動的孩子，在學校皮得不得了，老師抱怨，家長也管不了。通常在我投以補充酵母鈣粉的建議後，在很短的時間內好動現象就能得到解決。但如果要補充鈣，購買時必須看看成分標示，最好是屬於有螯合字樣的鈣，因為這種鈣是經過胺基酸包圍在鈣的外層，有益於人體吸收。

鋅
──缺鋅的孩子味覺差

鋅的缺乏也是孩子常有的狀況。

缺鋅，會使孩子舌頭上的味覺變得奇怪，即使大家都覺得好吃的東西，吃起來也覺得淡而無味。父母們擔心孩子不吃東西，就給予布丁、奶油、冰淇淋等甜食，希望藉此刺激孩子吃東西，沒想到反而使問題更嚴重。

孩子不愛吃飯原因大揭密

前文已提過甜食對孩童健康的危害，這些食物不僅是維生素、礦物質含量極低，對味覺更有不好的影響。當孩童的味覺出現問題，很可能延伸導致厭食症的發生，輕者從不喜歡吃東西、食慾不佳，到不明原因厭食、體重急速下降，嚴重者可能造成生命有危險的地步。撇除心理因素造成的厭食症，科學家發現當體內的鋅濃度太低時，衍生厭食症的機率大大增加。

影響味覺問題之外，鋅的不足還會阻礙孩童生長，像是生活中常見有些孩子長不大，其背後原因多少與缺鋅有關係。再者，家長們要瞭解到的是，鋅是體內超過 300 種酵素的組成成分，而這些酵素是細胞修補、合成蛋白質、增強身體免疫力的主要成分。可以想見很多經常生病的孩子，其根本原因在於鋅的攝取不夠，補充鋅是增加及恢復孩子抵抗力的主要方法。在我的診所裡，藉著給予鋅，幫助了非常多受生病之苦的孩子恢復健康。

C 加鋅增加免疫力不生病

鋅對孩童體內酸鹼度的平衡有著非常重要的功能，對身

▶ 不可錯過的含鋅食物

海產
是鋅的主要來源，特別是貝類海產，如：牡蠣、蛤蠣、九孔，其他如櫻花蝦、蟹腳肉、旗魚肚。

肉類
豬腳、牛肋條、鵝肝、豬肝、雞肉、鵝腿肉，皆是含鋅量較高的肉類。

乳蛋品
牛奶、乳酪、奶粉、鹹鴨蛋黃、雞蛋黃。

堅果類
熟白芝麻、奇亞子、葵瓜子、腰果、黑芝麻粉、花生粉、青仁黑豆。

藻類菇類
木耳、松茸、乾香菇、猴頭菇、紫菜、海帶、銀耳、海苔。

體健康有深遠影響。家長們應多加留心是否孩子的鋅攝取太少了，尤其是不常吃魚肉類食物，只吃蔬菜或素食的孩子，更需要補充鋅，因為蔬菜裡的纖維可是會使身體對鋅的吸收能力降低！

那麼當孩子身體缺鋅時，有哪些外顯症狀可察覺呢？

● 手指甲有白點或龜裂。

● 常生病。

● 食慾不好，只對某些味道的食物有興趣。

● 傷口不易癒合。

● 生長遲緩。

鋅與維生素 C 皆能增加孩子對於細菌、病毒的抵抗力，二者合在一起服用效果更好。食用含維生素 C 及鋅混合的粉，對於那些經常生病、感冒的孩子是很好的選擇。我常建議家長們在他們的廚房或藥櫃裡備有這種粉，對於孩子生病的嚴重程度、次數和病期都將有顯著的改善。

鐵
——女孩兒排鐵多一倍

接著談到礦物質「鐵」,是孩童身體發育過程裡維持生命非常重要的礦物質。因為鐵能產生血紅素,也是分泌某些酵素所需;人體內的鐵大部分存在於血紅素,而血紅素平均120天就會受到破壞,等同是消耗鐵,所以要常常補充鐵。當

▶ 鐵 | 孩童每日基本攝取量

如果家中小寶貝是女孩兒,那麼作父母的應在女孩初經之後,留意其對鐵質的補充,因為每月的經期將使女性自身體排掉的鐵,比同年齡男孩子多一倍!鐵質一般不容易在身體造成毒性,但是攝取太多容易囤積在肝臟,造成肝細胞的破壞。

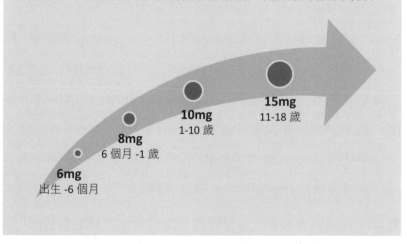

15mg
11-18 歲

10mg
1-10 歲

8mg
6 個月 -1 歲

6mg
出生 -6 個月

孩子攝取太多磷這種礦物質的時候，不只阻礙鈣質吸收，也會減少鐵被血紅素所利用，父母要特別注意別讓孩子喝太多汽水，因為汽水含有大量的磷，將因此使孩子容易貧血。

此外，鐵的缺少會讓維生素 B 沒有辦法於人體內正常工作，也會使人沒有體力，容易疲倦，所以缺鐵性貧血患者的抵抗力較差，只要適度補充鐵質，一段日子後就能找回紅潤雙頰。鐵的攝取可從動物的肝、魚貝類著手作為飲食選擇，還有蛋黃、花生等堅果類也含有鐵質。

鎂
——抗壓力礦物質

「鎂」被稱為「抗壓力的礦物質」，是孩子的神經與肌肉功能適當發育所需要的基本元素，具有增進心臟血管系統的作用，而且是把血糖轉化成能量所需要的一種礦物質。鎂同時也是鈣、維生素 C、磷、鉀和鈉等代謝交互作用所需。當孩子因為消化不良引起的肚子痛，當孩子處於憂鬱情緒之中，鎂的補充都能起到正面效果，我們可以很輕鬆的從檸檬、葡萄柚、蘋果等水果，以及堅果類、深色食物攝取到鎂。

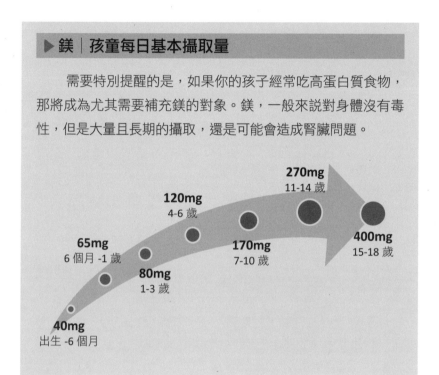

▶鎂｜孩童每日基本攝取量

需要特別提醒的是，如果你的孩子經常吃高蛋白質食物，那將成為尤其需要補充鎂的對象。鎂，一般來說對身體沒有毒性，但是大量且長期的攝取，還是可能會造成腎臟問題。

270mg
11-14 歲

120mg
4-6 歲

65mg
6 個月 -1 歲

80mg
1-3 歲

170mg
7-10 歲

400mg
15-18 歲

40mg
出生 -6 個月

葉酸
——天然止痛劑

另外一種維生素叫「葉酸」，英文學名是「Folic Acid」，屬水溶性的維生素 B9。它是紅血球形成所需，也是體內醣類、胺基酸的使用和身體細胞分裂時所需要的一種維生素。對孩子健康帶來的功能還有（1）避免孩子產生貧血，

（2）幫助孩子食慾大開，（3）促進頭髮生長且維持烏黑亮麗，（4）保護小孩避免受到食物中毒以及寄生蟲的感染。

　　葉酸同時也是小孩身體抗體形成的重要元素之一，被視為天然的止痛劑，但它也容易因食物的儲存過程而遭受破壞，含葉酸的食物有哪些呢？它常見於深色蔬菜、胡蘿蔔、蛋黃、哈密瓜和豆類。

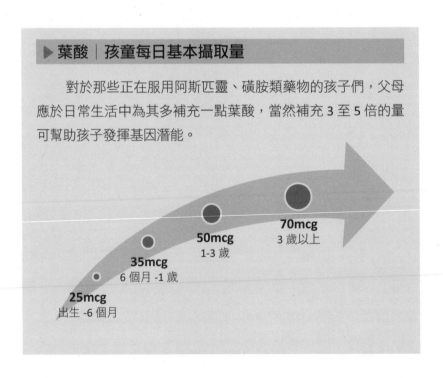

▶葉酸｜孩童每日基本攝取量

　　對於那些正在服用阿斯匹靈、磺胺類藥物的孩子們，父母應於日常生活中為其多補充一點葉酸，當然補充 3 至 5 倍的量可幫助孩子發揮基因潛能。

70mcg
3 歲以上

50mcg
1-3 歲

35mcg
6 個月 -1 歲

25mcg
出生 -6 個月

膽鹼
——幫助腦部發育

膽鹼（Choline），是一種身體代謝以及利用膽固醇和脂肪所需要的維生素，更是人體少數幾種可以進入到腦部細胞裡面的物質，因此這個維生素有助推進孩子的腦部發育，特別是記憶力和學習力方面。此外，它能有效控制孩童膽固醇過高問題。對於有眨眼睛、皺鼻子習慣的孩童，膽鹼也可以幫助去除這些小毛病。

相關攝取食物建議有蛋黃、動物的肝臟，還有綠色葉菜類等都存有膽鹼成分。只是到目前為止，還沒有人知道身體到底需要多少這種維生素才足夠。

肌醇
——助攻卵磷脂生成

在前文討論〈危害孩子健康發展的三大類食物〉這一章時，我們曾提到咖啡因含有「肌醇」，它也是維生素的一種，當其與膽鹼一起作用，將形成對人體有用的超級食物「卵磷脂」。肌醇因為屬於親脂肪性的維生素，有乳化脂肪作用，

能幫助代謝脂肪和膽固醇，其次也是腦部發育非常重要的一個營養素。

到目前為止沒有人知道到底需要多少肌醇才能滿足孩童發育所需，不過它對身體沒有毒性，加上和維生素 B_2 一樣容易在食物儲存的過程，以及水的沖洗和浸泡而被破壞，所以無需擔心攝取過量會損害健康。含肌醇的食物有花生、菠菜、酵母粉和動物的肝臟。

看到這裡，也許你已經清楚知道哪種飲食以及怎麼吃，才是為孩子的健康著想，讓他們的基因潛能自出生後就充分發揮。由以上的 15 種營養素分析，輔以諸多科學家的研究報告，我們可以歸納出人類的基因要邁向健康並激發潛能，必須綜合攝取蛋白質食物、低升糖指數的蔬果、醣類食物，加上含高比例單元不飽和脂肪酸的不飽和脂肪，才能透過其中營養素的交互作用正常運作身體機制。

那麼要吃多少蛋白質呢？科學家發現，不管你的孩子多大，他每一餐所吃的蛋白質食物最好是他的手掌能夠抓得住的量，當然隨著孩子年齡越大他的手掌就越大，需要攝取的蛋白質量越多，大人也是一樣。但這是一般通則，如果你的孩子運動量很大，當然可以吃超過手掌能掌握的 1 倍半到 2

倍左右的蛋白質量，然後依此來推算他所需要的醣類食物，尤其是低升糖指數的蔬果量。我們前面講過，蛋白質與醣類食物的比例最好是在 2：3 到 3：4 中間，如此你當可知道每一餐孩子所需吃的蛋白質以及醣類食物的份量。孩童一天吃 3 到 4 餐是最合適的，儘量不要讓孩子除了睡覺以外，在白天的時候超過 5 個小時沒有進食。

重點摘要

- 要避免成為醫師診所的常客，補充足夠的維生素 C 和鋅是絕對必要的。
- 孕婦在孕期承受了嚴重孕吐，胎兒從母體吸收到的營養自然有限。
- 蔬菜裡的纖維會使鋅的吸收能力降低。
- 維生素 B_{12} 的缺少需要 5 年才會出現症狀，主要反映於貧血與神經方面的問題。
- 皮膚因日曬而脫皮後，該處皮膚就不會再生成維生素 D。

CHAPTER
11

補充健康
食品帶孩子
這樣吃

喝低脂、脱脂牛奶要比全脂的健康？

如果腸道不健康，補再多營養都沒用？

腸病毒好可怕，醫生你有什麼特效藥嗎？

據說吃蜂蜜就能殺死 40 種細菌？

孩子嚴重便秘，試過很多方法都沒用？

地球上多數的天然食物含有豐富的營養素，包括各種維生素、礦物質、胺基酸等等相當多，幾乎可以供應人體所需的一切營養，我們稱之為「完全食物」（Whole Food）。

天然食物所含的營養素經過科學家與營養學專家的長年研究，有些已被命名且知其作用，有些到現在人們還不知作用，但它們卻是真正的天然健康食品，被吸收率不是一般的化學合成健康食品所能比擬。它們於人體內引起的奇妙作用，我們還未完全清楚，但長期食用卻能使你健康長壽。對於 1 歲以後的孩子，這些天然食物的攝取對他們的健康有絕對幫助。

乳類製品

乳類製品尤其牛奶，是現代小孩飲食不可或缺，提供了每一階段發育成長之營養需要。從嬰兒牛奶、一般牛奶到牛奶製品包括乳酪、優酪等，都於兒童飲食扮演重要角色。牛奶與乳製品以其獨特的香味吸引了小孩與大人，乳類加工品也趨向多樣化，讓父母不知如何選擇，但如何食用乳類製品與孩童健康大有關係。

牛奶──完美健康軌道食物

牛奶是幾乎完美的食物，含有 3.2％蛋白質、3.4％脂肪、4.7％乳糖及 0.7％礦物質等營養素，這些營養素都是非常容易為人體吸收。在第 4 章〈「吃」出孩子的基因潛能〉一文談及，進入健康軌道的食物所含蛋白質與醣類的比例應為 3：4，牛奶正是如此。

牛奶所含的 4.7％乳糖屬低升糖指數，在消化道會被分解成半乳糖，加上 3.4％的脂肪會使乳糖進入血液的速度減慢，因此牛奶是很好的食物，常喝有益身體。只是父母要瞭解到牛奶所含的脂肪是飽和脂肪，對於已經攝取過多脂肪的現代

人而言，長期飲用全脂牛奶可能使膽固醇太高，建議以低脂或脫脂牛奶取代。

我常告訴父母們，不要給孩童喝任何有脂肪的牛奶，即使是低脂牛奶也應儘量避免，很多父母對於我的這種說法很訝異——他們希望孩子多喝牛奶，因為牛奶裡有豐富的蛋白質，而且是攝取鈣質的主要來源，能為發育過程提供足夠的營養，我們所處的生長環境也一再地教導我們：喝牛奶會使身體健康強壯。因此，孩子一出生，除了母奶以外就是喝牛奶，一直喝到長大成人。牛奶確實為人類的健康做了重要的貢獻，到現在大部分的開發國家，牛奶仍是大家最為喜歡的營養飲品。

可惜的是，在經濟掛帥的今天，牛奶是牛乳業者獲取利潤的一項商品，如果乳牛是被養殖在很擁擠的空間，因此脾氣變得暴躁，為了穩定乳牛的情緒，部分畜牧業者可能會在飼料裡添加鎮定劑。生長於密閉空間，乳牛也很容易得到傳染病，勢必要定期注射抗生素。這些荷爾蒙、鎮定劑、抗生素等，大部分不會被排泄出體外，而存留在乳牛的脂肪裡。因此我們現在所喝的含脂肪牛奶，多多少少都存留著這些化學物質。

當一個小孩長期喝含脂肪的牛奶，這些化學物質自然累

積於體內，這結果與女孩在 8、9 歲時初經提早報到，越來越多年輕人得到癌症、心臟病、高血壓等現象有相當關聯性。美國衛生部早已注意到這個問題，但是礙於畜牧業的市場發展，不太敢公開宣稱此事，不過有研究的醫生都知道建議孩子們從小喝脫脂牛奶。

因此很多父母擔心如果改喝低脂或脫脂牛奶，其營養會不會不如全脂牛奶或是含鈣較少呢？其實，除了含脂肪量不一樣外，其他的營養素包括蛋白質、鈣質的含量都是一樣。我們必須清楚的認知到，從各類新鮮食物所能攝取到的脂肪來源多元，甚至現代的多數孩童攝取了過多脂肪，所以真的不需要再仰賴牛奶補充脂肪。一杯 250c.c. 的牛奶，無論全脂或脫脂都含有約 280 毫克的鈣，對於 2 到 6 歲的小孩，一天喝 2 杯牛奶就可提供足夠的鈣，而青少年則須一天 4 杯才能提供足夠的鈣。

對於不能喝牛奶的小孩，豆奶和羊奶是另一選擇。羊奶是最接近母奶的乳品，所含鈣比同量的牛奶還多，每 250c.c. 的羊奶含有 315 毫克的鈣質，而豆奶卻只含有 90 毫克的鈣，遠少於牛奶。因此只喝豆奶的孩子於鈣的攝取量將會減少，父母應留意整體飲食狀況是否需要額外補充鈣質。

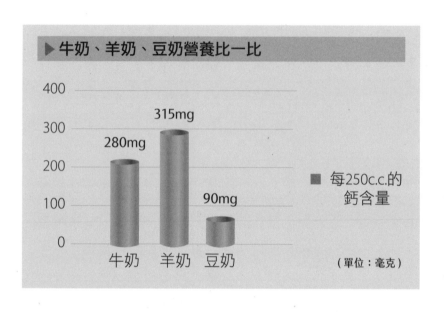

▶牛奶、羊奶、豆奶營養比一比

280mg 315mg 90mg

每250c.c.的鈣含量

牛奶　羊奶　豆奶

（單位：毫克）

乳酪──優質鈣的來源

　　除了牛奶以外，最常為兒童食用的乳製品還有乳酪和優格，而乳酪是透過牛奶裡的蛋白質加上乳酸菌發酵而成。牛奶的蛋白質含有兩種主要成分，一種是酪蛋白（Casein），另一種叫乳清蛋白（Whey Protein），它們的比例是 80：20。當酪蛋白與乳酸菌結合就會變硬成為乳酪，而牛奶所含的鈣幾乎是與酪蛋白結合，它們的結合使鈣能被人體幾乎 100％的吸收，因此吃乳酪是很好的蛋白質與鈣質來源。只是大部

分的起士還是含有脂肪，因此最好能買低脂肪的乳酪，家長們在挑選給小孩食用的乳酪時可從成分標示上判別。

優格──打造健康腸道

另外一種建議小孩攝取的乳製品是優格（Yogurt），它是牛奶加上乳酸菌使牛奶裡的乳糖發酵而成，越濃的優格所含的乳酸菌越多。

優格不只含有脂肪、蛋白質等營養素，其特別之處在於含有有益的大腸菌，能增加大腸內有益細菌的數量，使人體腸道健康，對於那些有便秘問題、消化功能不好的人非常有幫助。同時乳酸菌也有助於腸道製造維生素 B，很多長壽的民族像保加利亞的百歲人瑞，把長壽的原因歸功於吃酸乳酪。有句話是這麼說的：「健康的身體由健康的腸道開始」，指的是吃進身體的東西不一定會供應你足夠的營養，除非你擁有健康的腸道，而優格正是建立強壯腸胃道最好的天然食物。優格在健康食品店或超級市場中都買得到，如果孩子不喜歡其中的酸味，不妨嘗試加入一點果汁或蜂蜜，在美國很多小孩把它當作每天的點心。

腸道乳酸菌──細菌的 80/20 法則

要確保孩子吃下的食物能夠完全消化並被腸子所吸收，首先要有健康的腸道，而腸道內的「細菌比例」是腸子健康與否的關鍵，最佳比例應有 80％的有益細菌和 20％的無益細菌，才能使攝取的食物消化完全並吸收。腸道的蠕動也就是大腸肌肉的收縮，同樣是仰賴有益細菌來達成，當有益細菌缺少將造成便秘，以及腸內毒素的回流體內而影響健康，很多小孩便秘或大便臭、黑等都是這樣造成的。不僅如此，腸道是否擁有適當的細菌比例也與抵抗力強弱有關。

孩子出生時，腸子裡本來是沒有細菌的，但經過食用母奶、食物或空氣接觸等，很奇妙的，腸道開始產生有益細菌及無益細菌，很自然的以 80：20 的比例繁殖，但我們要留心這個最佳細菌比例是會改變的。孩子成長過程假若吃了太多肉類或吃進含壞菌的食物，往往會改變腸內細菌的比例。還有經常吃消炎藥的孩子，必須注意到這些消炎藥不但會殺死造成疾病的細菌，也會把腸內的有益細菌一併殺死，導致腸內的有益細菌比例減少。

科學家們發現，如果孩子腸內的有益細菌與無益細菌的比

例失衡，會造成消化不良，引起脹氣、便秘、缺乏食慾、抵抗力降低等症候群。

培養好菌拒絕腸病毒

腸子內的有益細菌主要分為兩群，一群是「嗜酸性乳酸桿菌」（Lactobacills Acidophilus）；另一群是台灣人普遍熟悉的「比菲德氏菌」（Bifidobacterium Bifidum），這兩群細菌是大腸及小腸內最主要的有益細菌，可說是捍衛細菌或病毒進入體內引起全身性感染的勇士。母乳含有很多乳酸桿菌，能對於新生兒產生保護作用。

但當孩子長大後，由消化道入侵的細菌或病毒在到達腸道時，如果沒有被為數較多的有益細菌抵抗，細菌和病毒很容易與無益細菌聯合繁殖而成為多數，造成腸道疾病。腸病毒的發生就是這樣來的，在此一疾病好發的夏季、初秋季節，很多父母常是害怕得不敢帶孩子外出，因為一流行起來往往導致上千人受害乃至死亡。其實只要能在腸病毒流行期間補充乳酸菌，讓孩子體內擁有平衡的細菌比例，打造健康的腸內環境，腸病毒是起不了作用的，人人都能輕鬆避免腸病毒的危害。

補充乳酸菌有方法

　　口服益生菌在經過胃部時，大多會被胃酸所破壞，能倖存進到腸子裡的不多，因此需服用高濃度的乳酸菌，否則仍難以補充足夠。服用的時間點，最好是在飯前吃這種腸菌粉較好，因那時胃裡的酸度最低。

　　而如果在補充腸菌的同時，也能補充「寡糖」則事半功倍。因為這種醣不會被身體吸收，更不會被胃酸所破壞，可直接到達小腸與大腸，促進腸內的有益細菌大量繁殖。相對而言，一般的糖卻是無益細菌的主要糧食，當孩子吃了太多的人工甜食，可想而知其腸內細菌是不健康的，所以若要補充乳酸菌粉，最好能買含有寡醣的乳酸菌粉。

　　在我的經驗裡，如果孩子因為生病發燒需要吃抗生素時，會建議父母們在孩子必須吃抗生素的這段時間，特別為其補充寡醣乳酸菌粉。

　　前文提及的優格等酸乳酪製品是小孩補充乳酸菌的良好來源，另外如：香蕉、蒜頭、番茄、蜂蜜及蔬菜裡也都含有寡醣。我見過許多長期便秘的小病人，糞便又黑又粗，經常是3、4天才解便一次，父母們常見的作法不是試著給予很多

果汁，就是餵食軟便藥，嚴重時還得使用肛門塞劑幫助排便通暢。很顯然都是治標不治本的作法，這些孩子的便秘問題仍舊不見改善。但只要聽了我的建議，持續讓孩子服用乳酸菌，很快的，便秘的情形就會得到解決。

花粉——增強抵抗力專家

花粉是大自然賦與的食物，含有人體組成以及維持健康所需的 22 類營養素，它還具有奇妙的治病能力、增強抵抗力及保持青春的特性，很多百歲人瑞的長壽秘訣都是食用花粉。

花粉含有 35％的蛋白質，這些蛋白質大多數是能被人體直接吸收的胺基酸組成，即使消化系統有問題的人也可輕易地吸收；花粉也含有 40％的天然醣類、5％的脂肪、3％的 27 種礦物質，還含有很多人體細胞代謝所需的酵素，可促進細胞的修補與再生。此外，其成分含有的多種植物荷爾蒙，能刺激人體內分泌腺體的分泌功能而有恢復青春的特性。

另外，其所含的一種特殊物質：蘆丁（學名：Rutin，又稱芸香甘），對於心臟血管很有益處。攝取花粉同時也有助於體內的毒素排出，對去毒作用很有幫助，所以建議孩子從小開始攝取。

海藻——可吃的陽光

海藻，是一群生長於海水或是淡水的單細胞生物。因著顏色的不同而分為藍綠藻、綠藻及棕色藻，其中又以藍綠藻中的螺旋藻（Spirulina）最為營養學家推薦。

螺旋藻生長於溫水的淡水湖，被稱為「未來的食物」，更有「可吃的陽光」之名。因為它是藉著吸收太陽光產生光合作用而合成非常豐富的營養素，成為現今地球上含天然營養素最多的食物。

螺旋藻含有豐富的胺基酸（含65％至70％）、天然維生素、必需脂肪酸、醣類等，之所以為營養學家推薦的原因是，其所含的礦物質是所有食物裡最多的，而且是能讓人體吸收率達98％的「膠質礦物質」。另一特殊之處在於螺旋藻也含有很多的酵素及葉綠素，對於細胞代謝有很大的益處。因此，被當作是健康與治療疾病的補充品，無數的科學報導證實它對於糖尿病、貧血、肝病、白血球過低、過敏、防止老化以及減肥等等皆有很好的效果。從小就補充這類的食物，對新陳代謝有極大幫助。

芽菜——高濃度營養素食物

另外一種非常健康的食物是「芽菜」，他們是種子發出芽的植物，日常生活中常見的碗豆芽、苜蓿芽皆屬之，在一般的健康食品店或超級市場都可以買到各種芽菜。

芽菜發芽時所含的維生素、礦物質以及酵素非常非常的多。據估計一顆大麥在沒有發芽以前，只含有少量維生素 C，但發芽時，所含的維生素 C 將增加 600 倍之多，其他的維生素及營養素也以非常高的濃度存在於芽菜。鼓勵父母們多買這些芽菜給孩子們吃，適合製作成沙拉、煮湯，或是混在飯菜裡。

蜂蜜——可以殺死 40 種細菌

蜂蜜也是對兒童非常好的健康食品，是很多醫生和營養學家推薦病人或小孩子服用的醣類，因其所含的糖是天然醣類，容易為身體所消化及吸收，而且不會造成胰島素的過度分泌，使胰臟過度負荷。對人體而言，比起人工糖好太多了，建議儘量用蜂蜜來代替人工糖，譬如泡牛奶的時候。

在人類開始從食物本身抽取糖，以及人工糖被大量製造

以前，蜂蜜是唯一被人類當作增加甜味的天然醣類。大自然中存在有非常多不同種類的蜜蜂，根據蜜蜂所採集的各種花蜜為蜂蜜命名，不同蜂蜜自然色澤各異，從白色、白黃色到深黃，甚至深一點的棕色都有，而其濃度由很稀的到非常黏的都有，越黏的蜂蜜表示存在蜂巢裡面越久。

蜂蜜除了含有很多礦物質包括：鈣、磷、鐵、鉀等等，許多人不知道的是，蜂蜜具有非常好的抑菌殺菌作用，可以殺死 40 種以上不同的細菌。很多重視營養的家庭，他們的廚房只有蜂蜜而沒有其它人工製的糖。唯一要注意是，不要給低於 1 歲以下的嬰兒吃蜂蜜，因為蜂蜜裡面可能含有一種細菌芽胞——肉毒桿菌（Clostridium Botulinum），1 歲以下的嬰孩對這種細菌尚無抵抗力，因此容易造成中毒現象，1 歲以後就可以安心的使用蜂蜜了。

小麥胚芽——好體力克服升學壓力

小麥胚芽（Wheat Germ）是富含營養素的天然食品，指的是小麥生命的根源，也是小麥最有營養價值的部分，我們稱為小麥胚芽。這個芽胞不僅具豐富蛋白質，同時含有非常多的維生素，尤其是維生素 B、E。小麥胚芽或其延伸製品小麥胚芽

油，可以提升體內對氧氣的使用，對於消除疲勞、增加體力、耐性以及整體活力運用很有幫助，其所含的豐富維生素 E 於心臟功能與頭腦的發育也很有幫助。

尤其是家中有正值就讀初中、高中的孩子，為了應付升學壓力，經常挑燈夜戰體力透支，父母如為其每天補充小麥胚芽或小麥胚芽油，多數孩子都能得到很大的助益，體力變得很好且不易疲倦。我曾認識一位升學補習班的老師，會給他的學生們吃小麥胚芽油，體力提升之餘，班上學生的考試成績也特別好。

據估計半杯的牛奶加上半杯的小麥胚芽粉，等於 24 克的蛋白質，相當於 4 顆雞蛋所含的蛋白質。父母一般習慣給孩子補充維生素或雞湯補品，下回建議試試小麥胚芽，相信你會有驚奇的發現。

對於早上總是感到非常疲倦、不容易起床的孩子，也建議父母為他們準備小麥胚芽或小麥胚芽油食用。提取自小麥籽粒胚芽的小麥胚芽油，是一種可內服外用的植物油類，滋潤性強，抹在燙傷處具修復作用，抹在頭皮能減少頭皮屑的產生。

酵母粉——降低膽固醇的營養品

酵母粉，幾乎是所有食物中含有最多組成蛋白質的胺基酸食物，且含豐富的維生素 B 群及礦物質。在許多已開發國家，是父母及營養學家們最常建議給兒童的補充營養品。本書也談論過很多案例，像是有好動暴躁傾向、晚上不易入睡的孩子，我都是透過帶領父母們認識酵母粉的好處，讓孩子在食用酵母粉幾個月後，自然而然變得乖順。秘訣就在於酵母粉中豐富的維生素 B 發揮了作用，穩定孩子的情緒系統。

此外，酵母粉對孩子的皮膚也很有助益，特別是對於青春期的孩子有消除青春痘及面皰的作用。而且酵母粉具有增加學習記憶力，減少發呆或疲倦感的功效。但要注意的是酵母粉有很多種，我所說的是金黃色的酵母粉，不是烤麵包用的酵母粉。很多市面上的酵母粉很苦，因為這些酵母粉是製造啤酒的副產品，不是真正用來食用的。真正用來食用的酵母粉是培養在甜菜或蔗糖裡的真菌——啤酒酵母菌（Saccharomyces Cereviaiae）上的，只有這種真菌所培養出來的酵母粉才有上述的營養成分。

孩子每天起床後的早餐，在他們的果汁、牛奶、稀飯或

麥片加入 1 小匙酵母粉，將使孩子的健康、智力、個性方面
受益無窮。對於偏好吃肥肉、體重過重的小孩，食用酵母粉
也是幫助降低膽固醇很好的營養食品。不只孩童，大人當然
也適合食用酵母粉，我自己就每天食用以作為營養補充。但
最好能與鈣同時攝取，因為酵母粉含有豐富的磷，如果加上
鈣，則可與磷一起作用。

重點摘要

- 牛奶是符合健康軌道的好食物，但長期飲用全脂牛奶可能使膽固醇太高，建議以低脂或脫脂牛奶取代。

- 優格不只含有脂肪還有蛋白質等營養素，加上含有益的大腸菌，有助人體腸道健康。

- 一旦細菌或病毒進入腸道，沒有遭到有益細菌抵抗的話，將與無益細菌聯合繁殖，腸病毒的可怕就是這樣來的。

- 蜂蜜是很棒的天然醣類，但 1 歲以下不能食用，容易因所含的肉毒桿菌造成中毒現象。

- 如果小小年紀就有膽固醇偏高的傾向，每天早餐添加 1 小匙酵母粉將有所改善。

CHAPTER
12

從懷孕
開始計畫
孩子的健康

懷孕過程辛苦，生出來的孩子通常體質較弱？
為什麼我的孩子這麼敏感，一定要人抱？
新生兒健康與否，完全取決於母體的狀況？
孕吐是多數準媽媽都會遇到，不需要太在意？
孕婦要增加多少體重才算正常？

如果一位母親的懷孕過程是平順、沒有壓力、沒有過敏、沒有生病、吃得好，小孩將會是足月生產，容易餵養，而且是很快樂的。相反的，如果懷孕過程充滿了壓力，包括孕吐、身體疲倦不適、生病、沮喪等，可以預期未來的新生兒將不會是很好餵養。甚至於在生產過程中承受壓力，產婦不容易生產，醫生需要用催生的方式，或是經歷生產過程很長的新生兒，也可以預期他們的身心會受到影響。

我的一位小病人的父母，生了兩個孩子。老大非常健康，從小就好生養，不常哭鬧，食慾好且很少生病。反觀老

二就不一樣了，出生後不但常哭鬧，睡不好且常生病，三天兩頭的就到我的診所報到。有一次這個作母親的抱怨說：「都是同一個肚皮出來的，怎麼老大健健康康，老二卻不一樣，抵抗力這麼差？」我便問這位媽媽：「您懷老大時的狀況如何？」她回答說：「非常順利，吃得好，身體也好，不覺得有什麼不適應。但是懷老二時，害喜得厲害，食慾也不好。」

這似乎是常常發生的情況，很多父母被我這樣一問，才意識到懷孕時的營養補充與情緒變化，對於一個孩子出生後的身體和情緒發育有著重要關聯。我幾乎可由嬰兒的健康及情緒，猜測到母親懷孩子時的健康及情緒起伏。很多關心孩子的父母以為孩子的體重與懷孕時的飲食有關係，而忽略了掌握當中的「營養素」才是影響孩子健康和情緒的關鍵。

父母健康影響胎兒

我經常建議孕婦多補充維生素與礦物質，尤其是正值食慾不佳、情緒不穩的媽媽。其實不僅是孕婦，生育是兩人的事，男性是否在受精卵受精前供應的是健康精子，與孩子的健康也大有關係。據醫學報導指出，精子在受精時，如果父親體內的營養素不夠，也會影響出生孩子的健康與情緒。

一個受孕吐困擾的孕婦，往往是身體缺乏維生素 B_6 所造成。因為懷孕期間的女性荷爾蒙大量增加，肝臟為了代謝這些女性荷爾蒙需要消耗大量的維生素 B_6，在缺乏維生素 B_6 的狀況，加上多數孕婦容易在早上血糖過低，更會引起噁心、嘔吐的反應。而這類孕婦的孩子出生後，很容易有異位性皮膚炎、長疹子、腹部脹氣，或是對牛奶過敏等症狀。

然後，我們也常發現有些孕婦在懷孕時味覺和口味產生奇妙的變化，像是喜歡吃酸的或是偏好味道較濃的食物等嚴重偏食，大多是因為孕婦體內的礦物質部分供應了胎兒成長的需要，以至自身缺乏礦物質，而礦物質的缺乏最容易彰顯於味覺方面。舉個較極端的例子，有孕婦懷孕時會想吃土或泥巴味的食物，那是因為她太需要礦物質了，導致味覺產生變異。這類情形反映到孩子身上，你會發現這些新生兒會有因缺乏礦物質而引起症狀，至於是何種症狀，視嬰兒對缺乏的敏感度各不同，如缺鈣引起的睡眠不好、出汗，缺鋅引起的食慾不振等情形。如對牛奶或某種食物過敏，而且容易有耳朵發炎、氣管炎、扁桃腺發炎的症狀，很多時候是孕期時的母體缺少維生素 C、鈣或鋅所引起。

因此建議孕婦們懷孕期間如有不適，應思考會不會是某

種營養素的攝取不足所引起，孩子出生後也應及時為其補充營養素。

接著要談的是「子癇」，這是懷孕期間易於發生的併發症，發作時會有身體腫脹及血壓升高的狀況，嚴重者甚至會

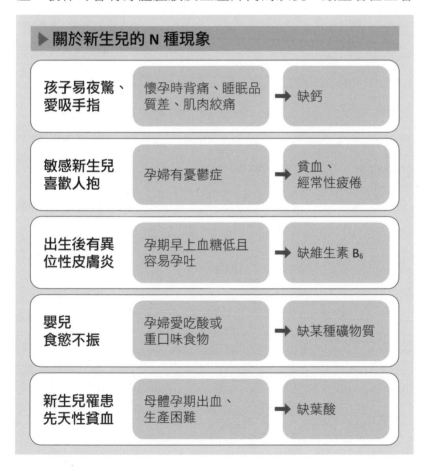

▶ **關於新生兒的 N 種現象**

孩子易夜驚、愛吸手指	懷孕時背痛、睡眠品質差、肌肉絞痛	➡ 缺鈣
敏感新生兒喜歡人抱	孕婦有憂鬱症	➡ 貧血、經常性疲倦
出生後有異位性皮膚炎	孕期早上血糖低且容易孕吐	➡ 缺維生素 B_6
嬰兒食慾不振	孕婦愛吃酸或重口味食物	➡ 缺某種礦物質
新生兒罹患先天性貧血	母體孕期出血、生產困難	➡ 缺葉酸

導致流產或早產，對嬰兒與母體都會造成極大傷害。雖然這項研究結果仍需進一步的數據去支持立論，但不可否認，在懷孕期間補充維生素 C 和 E 是必需且安全的。

另外，被視為大腦的食物——葉酸，對於準媽媽來說也是必要的補充。因為葉酸是製造能量及形成紅血球的必要營養素，而且在 DNA 合成的過程中，葉酸扮演輔酶（Coenzyme）的角色，對細胞分裂與複製過程是非常重要的。懷孕期間若是缺乏葉酸，除了會有貧血、倦怠、情緒低落、呼吸急促等症狀外，也常導致母體出血、流產、生產困難，胎兒容易夭折或罹患先天性貧血。

葉酸並沒有毒性，每日服用 450 毫克仍對人體無害，準媽媽只要在懷孕之前每天服用 1 毫克葉酸，懷孕期間每天服用 5 毫克就已經足夠；若是需要治療貧血，則每天服用 1 至 3 次，每次 5 毫克。與維生素 B_{12} 一起攝取更能發揮作用。

▶ 葉酸食物來源

動物類	植物類	其他
牛肉、雞肉、羊肉、肝臟、鮭魚、鮪魚、豬肉	大麥、豆類、米糠、糙米、綠葉菜類、柳橙、根菜類、小麥胚芽、全麥	啤酒酵母、乳酪、酵母

孕婦要增加多少的
體重才算正常？

孕婦的體重若是增加不足，胎兒的體重也會不足。過去的一項研究結果曾指出，出生時體重太輕的胎兒，將來罹患心血管疾病的機率較高。但是許多人常鼓勵準媽媽要多吃多喝，才能生個白胖的孩子，事實上這也是不完全正確的觀念。因為過當的飲食，除了增加母體在分娩過程的風險之外，胎兒的致病率和死亡率也高。

美國醫學會建議正常的懷孕體重增加以 11.25 至 15.75 公斤為宜，懷孕期第一期每個月增加 1.35 至 2.25 公斤，之後每周 0.45 至 0.9 公斤。再看看台灣衛生福利部國民健康署的建議，以準媽媽的「身體質量指數」（Body Mass Index，簡稱 BMI）作為孕期體重調控的參考依據將更為適當，且須注意整個孕期體重增加之速度。而 BMI 的算法是「體重（公斤）／身高^2（公尺^2）」，例如：懷孕前婦女 BMI 小於 18.5 屬於體重過輕者，整個孕期建議增加 12.5 到 18 公斤；BMI 在 18.5 至 24.9 之間者，則建議增加 11.5 到 16 公斤；孕前體重為過重或肥胖、BMI 在 25 至 29.9 者，則增加重量建議控制在 7 到 11.5 公斤；若 BMI ≧ 30 的準媽媽，整個孕期體重增加建議控制在 5 到 9 公斤以下。

要切記！千萬不可以在懷孕的過程減重，因為這會嚴重影響到胎兒的成長。依據行政院衛生署建議，隨著懷孕時間增加，動物性蛋白質的攝取量也應逐漸增加；原則上，懷孕第一期（懷孕開始至第 3 個月）建議每日蛋白質攝取增加 2 公克即可，懷孕第二期（第 4 至 6 個月）每日增加 6 公克，第三期（第 7 個月至生產）則每日增加 12 克。

▶ 懷孕期間的營養素建議量

名稱	重量
鈣（Ca）	500 毫克
碘（I）	15 微克
鐵（Fe）	30 毫克
維生素 A	850 IU
維生素 D	5 微克
維生素 E	2 毫克
菸鹼酸	2 毫克
葉酸	200 微克
維生素 C	10 毫克
維生素 B_{12}	0.2 微克
維生素 B_6	0.5 至 1 毫克
維生素 B_2	0.2 毫克

重點摘要

- 懷孕時睡眠品質差，小孩出生後也跟著睡不好。

- 懷孕並非母親一人的事，父親的營養狀況也會影響受精卵的健康與否。

- 隨著懷孕時間增加，動物性蛋白質的攝取量也應逐漸增加。

- 懷孕期及哺乳期對奶類的攝取可以低脂奶代替，能降低熱量的攝取。

- 美國醫學會建議孕期第一期每個月增加 1.35 至 2.25 公斤，之後每周 0.45 至 0.9 公斤，整個孕期的正常體重增加以 11.25 至 15.75 公斤為宜。

CHAPTER

13

抗生素與
兒童
用藥安全

治療生病的特效藥就是抗生素？
如果醫生不願投以抗生素，最好另找其他診所？
吃消炎藥會不會對孩童的身體有傷害？
吞嚥藥丸有困難，我可以磨粉方便孩子服用嗎？
小朋友排斥吃藥，最好混在牛奶裡吞下？

自從 20 世紀初，發現金黴素（一種抗生素）可以殺死在當時造成多人因細菌感染而死亡的細菌時，抗生素似乎成為 20 世紀最被重視也是最有醫學價值的一種藥。使得後來多數父母一遇到孩子有發炎徵狀，就想到一定要吃抗生素。我必須澄清這個狀況，不少人把「發炎」這個字誤用了！

不是所有疾病都要吃消炎藥

其實「發炎」這個字在英文有兩個意思，一是「Infection」指細菌或病毒等微小生物感染所引起的發炎，另一是

「Inflammation」在中文也解釋為發炎，是指身體的某一部分器官和細胞受到像割傷、刀傷、撞擊等引起細胞的破壞，譬如：肌肉受傷而引起紅腫，或是器官受到免疫細胞破壞而引起的發炎，像是關節炎等。

一般父母想到「Infection」（中文解釋為感染），不管是細菌或是病毒的感染，很直覺地認為必須要給孩子服用抗生素，尤其是發燒的時候。這時小兒科醫生會向父母解釋這個孩子是病毒感染，並不需要吃消炎藥就可以自己好，但是有些家長沒有辦法接受這樣的解釋，即便理智上聽懂了但情感上無法接受，因為孩子 1 至 2 天的發燒，在父母的心頭上就好像一年一樣。在我的小兒科診所，每天有很多發燒的孩子被父母帶來，如果我沒有開消炎藥給這些父母，他們通常是不會滿意的，甚至有的家長會因此把他的孩子轉到會開消炎藥的小兒科醫生那裡去。其實很多小兒科醫生和我有同樣的觀念，不贊成小孩子發燒就給消炎藥。

但是當我早年在南加州大學附設醫院的加護病房值班時，曾見到非常多小病人因為發燒引起的腦膜炎、抽筋或肺炎，導致腦部受到傷害而住院，當下他們的父母感到非常絕望。這些孩子往往由早期醫生判定為是病毒感染，卻很不幸的在一萬個

裡面可能有一個是細菌感染，而醫生們照例沒有開消炎藥，造成孩子重大的健康傷害。

在流行病學上的統計認為，1萬個裡面只發生1個的病例，不值得在發燒的時候就給消炎藥來避免可能引起嚴重的疾病，只是相信沒有父母願意冒這個險。因此在我的行醫過程，如果小孩發燒，尤其發燒超過攝氏39度，才會建議父母給小孩吃消炎藥直到退燒為止，這個過程可能只需要1至2天的消炎藥，以避免可能的併發症。如果沒有立即退燒，我們便需要進一步探究孩子的身體是否有其他問題存在。

也因此有越來越多的父母意識到：吃消炎藥會不會對孩子的身體形成傷害？這是20年前我在診間很少聽到的問題，可見家長們開始關心起抗生素對孩子的傷害。是的，事實上抗生素除了會殺死侵犯身體的細菌，也會使體內其他有益的細菌，尤其是腸道的有益細菌被殺死，造成無益細菌比例增加。

除此之外，我更擔心的是長期吃消炎藥的孩子，久而久之會引起身體細菌的突變而產生對藥的抵抗性。因此從小吃強烈消炎藥的孩子，到後來都要用非常重的消炎藥才能殺得死細菌，如此惡性循環之下，這些孩子的抵抗力會變得比較弱。

國內抗生素使用種類

衛生署《基層醫療保健藥品手冊》記載以下幾種國內目前
使用的抗生素藥物，僅提供父母作為參考：

- 盤尼西林類（Penicillins）
- 頭孢子菌素（Cephalosporins）
- 四環素類（Tetracyclines）
- 胺基配糖體類（Aminoglycosides）
- 磺胺類（Sulfonamides）
- 巨環類（Macrolides）
- 尿路感染藥物（Drugs used for urinary tract infections）
- 氟化恩菎類（Fluoroquinolones）
- 抗黴菌劑（Antifungal drugs）
- 抗結核病劑（Antituberculosis drugs）
- 抗濾過性病毒劑（Antiviral drugs）
- 其他抗感染藥，如：Miscellaneous

　　如何解決這個問題？如同我在第 11 章〈補充健康食品帶
孩子這樣吃〉所講，當小孩必須吃消炎藥的時候，補充足夠
的大腸乳酸菌是非常必要的。每當我給病人吃消炎藥時，都
會同時建議父母給予補充乳酸菌以及寡糖。

父母要知道的兒童用藥六大原則

　　小時候的健康與否，會影響孩子長大成人後身體的健康、

情緒穩定，甚至與是否會得到癌症、退化性疾病如高血壓、糖尿病等也有關。特別是具有如糖尿病、肥胖、心臟病等家族性遺傳疾病的孩子，如能從小注意他們的飲食，輔以補充足夠的營養素，這些疾病是有機會避免的。藉著這本書，希望父母能瞭解孩子的健康是多麼重要，不能只把孩子的健康交給醫生，而應該操之父母手中。

小朋友不像成人對於吞嚥藥物能自由控制，所以吃藥時遇到的抗拒也較多，對於服藥劑量方面和大人的差別很大，父母親不可掉以輕心。關於兒童用藥的六大注意事項：

一、兒童服用的藥品劑量必須由醫師開立處方，父母親不可擅自將份量增或減。

二、父母親必須全程監督孩子的服藥過程，因為有不少藥物會以糖衣或糖漿的形式製成，小朋友容易服用過量；或是吞服藥丸、膠囊的姿勢不正確而阻塞氣道、妨礙呼吸。

三、兒童服藥後若有任何異常表現或是反常的安靜，都應立即詢問醫師。

四、藥物不可隨意放置，避免小朋友誤食。

五、不要隨意將藥丸磨成粉末，因為有些藥丸是利用膜衣使藥物的主成分能緩慢釋出，磨碎後可能會使主成分釋出得太快對人體造成傷害。也不要隨意將膠囊打開，因為

膠囊是要保護藥物不受胃酸的破壞，而能安全地到達十二指腸被完整吸收。所以要進一步處理藥物前，最好向醫師詢問清楚。

六、不要將藥物混在果汁內，這樣會破壞小朋友對果汁的口感印象，對藥物的吸收也會有所影響；就算混進牛奶也一樣會妨礙身體對藥物的正常吸收，服藥還是以溫開水送服為佳。

重點摘要

- 長期吃消炎藥的孩子會產生抗藥性，抵抗力反而變得比較弱。

- 不能只把孩子的健康當作是醫生的責任，而應該操之在父母手中。

- 正在生病並服用消炎藥的孩子，可同時補充乳酸菌與寡糖，以維護腸道的有益細菌不被殺光光。

- 不隨意將藥丸研磨成粉末或將膠囊打開，要進一步處理藥物前，最好向醫師詢問清楚。

- 不將藥物混在果汁或牛奶內，服藥還是以溫開水送服為佳。

改變思想
就能改變孩子的命運

21 世紀非常流行的一句話，是這樣說的：「改變思想，就能改變你的命運」。

《兒童基因革命：吃出聰明與健康》所談論的觀念，與過去的一些營養觀念在某些部分有所出入。這本書的撰寫花了 3 年的時間，搜集了世界上最先進的研究報告以及科學根據，加上我及其他醫生在人體實驗所得出來的結果，相信是非常可靠的，希望大家付諸行動實際地去幫助孩子，讓他們可以藉由吃得正確來完整發揮自己的潛能。

　　當然，有時候要實行一個觀念或是改變飲食習慣，對於多數人來說是不容易的，但是我想呼籲關心孩子的父母親們，「這種改變是值得的」。幫助孩子發育和維持健康，協助他們激發基因潛能的極限，是需要一些改變及行動的。

　　這本書能夠完成實在不容易，至少對我來說。因為忙碌的生活——診所、演講、寫文章、做研究等等，佔據了很多時間，加上我不會中文打字，因此藉著錄音請別人幫我打字出來，自己再校稿。

　　為求每個理論、說法都是有根有據，也花了我非常多的時間。撰寫此書的期間，犧牲了睡眠，犧牲了和家人相處的時間，終於能夠完成付梓。希望這本書能對你以及你的孩子有所幫助，那麼我就感到非常欣慰了！

附錄

讀後總複習

當孩子有一些症狀出現時，家長常常很難立即判別，因為有些現象實在是很類似，我們透過以下 12 道問題一起為孩子的健康抽絲剝繭，找出可能是缺少哪一類的礦物質或維生素？

Q1： 沒有食慾，經常注意力不集中，又性情急躁、沒有體力，可能缺少？

A1：維生素 B_1

Q2： 指甲甲面出現白色的點，且注意力不集中，容易感到疲倦，可能缺少？

A2：鋅

Q3： 覺得頭骨較軟，關節腫脹，常常有骨折狀況，可能缺少？

A3：維生素 D

Q4： 嘴角經常龜裂，舌頭感到疼痛甚至變紅，在鼻子、額頭、耳朵的皮膚也感覺乾裂，或是對光很敏感，可能缺少？

A4：維生素 B_2

Q5： 舌頭變紅色，但伴隨的症狀是常拉肚子、消化不好、加上貧血，可能缺少？

A5：葉酸

Q6：嘴角旁的皮膚龜裂，肌肉經常抽動，或眼周皮膚發炎，加上四肢感覺疼痛、發麻，還老是想上廁所，可能缺少？

A6：維生素 B_6

Q7：一出生就是早產兒或是體重較輕的新生兒，可能缺少？

A7：維生素 E

Q8：皮膚白，容易疲倦，可能缺少？

A8：鐵

Q9：經常皮下出血、牙齦出血、流鼻血，加上關節容易疼痛，而且傷口不容易癒合，可能缺少？

A9：維生素 C

Q10：肌肉經常抽痛，注意力不集中影響學習，可能缺少？

A10：鎂

Q11：經常手腳感到痠痛，或是如針刺的感覺，甚至走路有點困難，加上記憶力不好，嘴巴經常疼痛，可能缺少？

A11：維生素 B_{12}

Q12：關節痛、容易蛀牙，還有肌肉抽痛，性情表現急躁，可能缺少？

A12：鈣

嬰兒每日飲食攝取建議表

項目 年齡	母奶餵養次數／天	牛奶餵養次數／天	沖泡牛奶量／一天	奶熱量佔嬰兒1天總熱量百分比	主要營養素	水果類 維生素 A、維生素 C、水分、纖維素
1 個月	7	7	90～140c.c.	100%		
2 個月	6	6	110～160c.c.			
3 個月	6	5				
4 個月						
5 個月	5	5	170～200c.c.	90～80%		果汁 1～2 湯匙
6 個月						
7 個月						
8 個月	4	4	200～250c.c.	70～50%		果汁或果泥 1～2 湯匙
9 個月						
10 個月	3	3				
11 個月	2	3	200～250c.c.	70～50%		果汁或果泥 2～4 湯匙
12 個月	1	2				

蔬菜類	五穀類	蛋豆魚肉肝類
維生素 A、維生素 C、礦物質、纖維素	醣類、蛋白質、維生素 B	蛋白質、脂肪、鐵質、鈣質、複合維生素 B、維生素 A
青菜湯 1 ～ 2 湯匙	麥糊或米糊 3／4～1碗	
青菜湯或青菜泥 1 ～ 2 湯匙	稀飯、麵條、麵線1.5～2碗 吐司2.5～4片 饅頭2／3～1個 米糊、麥糊2.5～4碗	蛋黃泥2～3個 豆腐1～1.5個四方塊 豆漿1～1.5杯 魚、肉肝泥1～1.5兩 魚鬆、肉鬆0.6兩
剁碎蔬菜 2 ～ 4 湯匙	稀飯、麵條、麵線2～3碗 乾飯1.5碗 吐司4～6片 饅頭1～1.5個 米糊、麵糊4～6碗	蒸全蛋1.5～2個 豆腐1.5～2個四方塊 豆漿1.5～2杯 魚、肉肝泥 1～2兩 魚鬆、肉鬆0.6～0.8兩

項目 年齢	母奶餵養次數／天	牛奶餵養次數／天	沖泡牛奶量／一天	奶熱量佔嬰兒1天總熱量百分比	主要營養素	水果類 維生素A、維生素C、水分、纖維素
1～2歲		2	250c.c.	30%		果汁或果泥4～6湯匙
稱量換算	1茶匙=5c.c.、1湯匙=15c.c.、1杯=240c.c.=16湯匙 1台斤=600公克、1公斤=1000公克=2.2磅 1兩=37.5公克、1磅=16盎司=454公克、1盎司牛奶=30c.c.					

7 至 9 個月寶寶之食譜範例

早餐：稀飯（1／2碗）、母奶或嬰兒配方食品。

早點：母奶或嬰兒配方食品。

午餐：魚肉泥（1／2兩）、稀飯（1／2碗）、香瓜泥（1湯匙）。

午點：母奶或嬰兒配方食品。

晚餐：蛋黃泥（1湯匙）、麵條（1／2碗）、菠菜泥（1湯匙）。

晚點：母奶或嬰兒配方食品。

蔬菜類	五穀類	蛋豆魚肉肝類
維生素 A、維生素 C、礦物質、纖維素	醣類、蛋白質、維生素 B	蛋白質、脂肪、鐵質、鈣質、複合維生素 B、維生素 A
剁碎蔬菜2 ～ 4 湯匙	稀飯、麵條、麵線3～5碗 乾飯1.5～2.5碗 吐司6～10片 饅頭1.5～2.5個	蒸全蛋 2 個 豆腐 2 個四方塊 豆漿 2 杯 魚、肉肝泥 2 兩 魚鬆、肉鬆 0.8 兩

※ 備註：

1. 表內所列餵養母奶或嬰兒配方食品次數，是指完全以母奶或嬰兒配方食品餵養者。出生 3 個月內應以母奶哺乳，若母奶不足或有特殊情況，以牛奶餵養、加餵嬰兒配方食品時，應由醫護人員指導正確餵奶方法。早產兒及嬰兒有任何飲食問題，可請教醫護人員。

2. 水果應選擇橘子、柳丁、番茄、蘋果、香蕉、木瓜等，屬皮殼容易處理、農藥污染及病原感染機會較少者。

3. 蛋、魚、肉和肝要新鮮且煮熟，以避免發生感染及引起過敏現象。

4. 每一種新添加食物剛開始以少量且單一，再增加量、濃度及種類，並以多類食物輪流餵食。

5. 各類食品份量為每日之總建議量，可將所需份量分別由該類中其他種類食品供給。

（資料來源：行政院衛生署）

幼兒期營養攝取飲食表

行政院衛生署建議幼兒期營養攝取飲食須知：

- 每日的營養素應平均分配於三餐，點心用以補充營養素及熱量，最重要的攝取原則是食物的「質應優於量」。

- 幼兒 1 天至少喝 2 杯牛奶，作為供給蛋白質、鈣質、維生素 B_2 的來源；豆漿亦可供給蛋白質。

- 1 天 1 顆蛋，供給蛋白質、鐵質、複合維生素 B。

- 1 至 3 歲幼兒的 1 天需攝取肉、魚、豆腐約 1 兩，4 至 6 歲幼兒需攝取 1 又 1 / 2 兩，以滿足對蛋白質、複合維生素 B 的需求等。

- 深綠色及深黃紅色蔬菜的維生素 A、C 及鐵質含量，都比淺色蔬菜高，每天至少應該吃 1 份（100 公克）。

- 攝取動物肝臟，將可提供蛋白質、礦物質及維生素。

- 孩童學習用湯匙、筷子的時期，食物的大小要容易取食，若是孩子自己進食吃不完時再餵。

- 幼兒期的消化器官尚未發育成熟，胃容量較小，所以三餐

之外，可供應 1 至 2 次點心補充營養素和熱量。點心時間宜安排在飯前 2 小時供給，份量以不影響正常食慾為原則。

● 注意幼兒的飲食嗜好與食慾，不要強迫幼兒進食。

幼兒每日飲食指南

食物／年齡		1-3歲	4-6歲
奶（牛奶）		2杯	2杯
蛋		1個	1個
豆類（豆腐）		1／3塊	1／2塊
魚		1／3兩	1／2兩
肉		1／3兩	1／2兩
五穀（米飯）		1～1.5碗	1.5～2碗
油脂		1湯匙	1.5湯匙
水果	深綠色或深黃紅色	1兩	1.5兩
	其他	1兩	1.5兩
水果		1／3～1個	1／2～1個

膳食營養素攝取「上限量」參考表

營養素	維生素A	維生素D	維生素E	維生素C	維生素B$_6$	菸鹼素	葉酸	膽素
單位 年齡	微克（μg）	微克（μg）	毫克（mg）	毫克（mg）	毫克（mg）	毫克（mg）	微克（μg）	毫克（mg）
0-6 月	600	25						
7-12 月								
1-3 歲		50	200	400	30	10	300	1000
4-6 歲	900		300	650	40	15	400	
7-9 歲						20	500	
10-12 歲	1700		600	1200	60	25	700	2000
13-15 歲	2800		800	1800		30	800	
16-18 歲					80		900	3000
19-30 歲	3000		1000	2000		35	1000	3500
31-50 歲								
51-70 歲								
71 歲以上								
懷孕期								
哺乳期								

鈣	磷	鎂	鐵	鋅	碘	硒	氟
毫克 （mg）	毫克 （mg）	毫克 （mg）	毫克 （mg）	毫克 （mg）	微克 （μg）	微克 （μg）	毫克 （mg）
			30	7		40	0.7
						60	0.9
2500	3000	145		9	200	90	1.3
		230		11	300	135	2
		275		15	400	185	3
	4000	580		22	600	280	10
		700	40	29	800	400	
				35	1000		
	3000						
	3500						
	4000						

（※ 資料來源：衛生福利部國民健康署）

孕 / 乳婦建議飲食表

餐次	食物類別	份量	
		孕婦	哺乳婦
早餐	五穀根莖類	1 / 2	1 / 2
	奶類	1	1
	蛋豆魚肉類	1	1
	水果類	1	1
早點	五穀根莖類	1 / 2	1 / 2
	蛋豆魚肉類	1	1
	蔬菜類	1 / 3	1 / 3
午餐	五穀根莖類	1 / 2～2	1 / 2～2
	蛋豆魚肉類	1	1
	蔬菜類	1 / 3	1 / 3
		1	1
	水果類	1	1
午點	五穀根莖類	1 / 2	1 / 2
晚餐	五穀根莖類	1 / 2～2	1 / 2～2
	蛋豆魚肉類	1	1
		1～2	1～2
	蔬菜類	1 / 3	1 / 3
		1～2	1～2
	水果類	1	1
晚點	五穀根莖類	1 / 2	1 / 2
	奶類	1	1

※ 備註：

- 懷孕期及哺乳期每日需攝取五穀根莖類 4 至 6 碗、奶類 2 至 3 杯、蛋豆魚肉類 4 至 5 份、蔬菜類 3 至 4 份、水果類 3 份、油脂類 3 湯匙。必要時，奶類可以低脂

食譜舉例	
孕婦	哺乳婦
吐司 2 片	饅頭 1 / 2 個
牛奶 1 杯	牛奶 1 杯
荷包蛋 1 個	荷包蛋 1 個
橘子 1 個	番石榴 1 個
麵包 1 份	米粉 1 碗
牛肉 1 兩	牛肉 1 兩
青菜 1 兩	青菜 1 兩
飯 1 / 2 ～ 2 碗	飯 1 / 2 ～ 2 碗
五香豆乾 2 塊	魚 1 兩
木耳、筍 1 兩	洋蔥、胡蘿蔔 1 兩
炒芥蘭菜 3 兩	炒菠菜 3 兩
木瓜 1 片	西瓜 1 片
紅豆湯 1 碗	綠豆湯 1 碗
飯 1 / 2 ～ 2 碗	飯 1 / 2 ～ 2 碗
清蒸鯧魚 1 兩	清蒸鯧魚 1 兩
肉絲 1 兩	肉絲 1 兩
青辣椒 1 兩	青辣椒 1 兩
胡蘿蔔、白蘿蔔、豌豆	胡蘿蔔、白蘿蔔、豌豆莢、洋菇
楊桃 1 個	柳丁 1 個
麥片 2 湯匙	麥片 2 湯匙
牛奶 1 杯	牛奶 1 杯

  奶代替，降低熱量的攝取。
● 每日所需的油脂大多用於炒菜中。

國家圖書館出版品預行編目 (CIP) 資料

兒童基因革命 : 吃出聰明與健康 / 李世敏著 . -- 再
版 . -- 新北市 : 文經社 , 2020.08
　面 ;　公分 . -- (Health ; 23)
ISBN 978-957-663-788-9(平裝)

1. 育兒 2. 小兒營養 3. 健康飲食

428.3　　　　　　　　　　　　　109009210

Ⓒ 文經社

Health 0023

兒童基因革命
吃出聰明與健康

作　　者　李世敏

特約編輯　陳佩宜

特約美編　劉麗雪

主　　編　謝昭儀

行　　銷　李若瑩

出 版 社　文經出版社有限公司

地　　址　241 新北市三重區光復一段 61 巷 27 號 11 樓之 A（鴻運大樓）

電　　話　(02)2278-3158、(02)2278-3338

傳　　真　(02)2278-3168

E – mail　cosmax27@ms76.hinet.net

印　　刷　永光彩色印刷股份有限公司

法律顧問　鄭玉燦律師

發 行 日　2020 年 8 月再版　第一刷

定　　價　新台幣 300 元

Printed in Taiwan